Organisation kompakt

von
Prof. Dr. Rudolf Fiedler

3., aktualisierte und überarbeitete Auflage

Oldenbourg Verlag München

Lektorat: Thomas Ammon
Herstellung: Tina Bonertz
Titelbild: thinkstockphotos.de
Einbandgestaltung: hauser lacour

Bibliografische Information der Deutschen Nationalbibliothek
Die Deutsche Nationalbibliothek verzeichnet diese Publikation in der Deutschen Nationalbib-
liografie; detaillierte bibliografische Daten sind im Internet über http://dnb.dnb.de abrufbar.

Library of Congress Cataloging-in-Publication Data
A CIP catalog record for this book has been applied for at the Library of Congress.

© 2014 Oldenbourg Wissenschaftsverlag GmbH
Rosenheimer Straße 143, 81671 München, Deutschland
www.degruyter.com/oldenbourg
Ein Unternehmen von De Gruyter

Gedruckt in Deutschland

Dieses Papier ist alterungsbeständig nach DIN/ISO 9706.

ISBN   978-3-486-71945-1
eISBN   978-3-486-85574-6

Vorwort

Die Bedeutung der Organisationsgestaltung ist für Unternehmen, die im Wettbewerb bestehen wollen, unverändert hoch. Vor allem funktionierende, effiziente Prozesse, die schnelle Reaktionen auf Änderungen erlauben, sind ausschlaggebend für ein erfolgreiches Unternehmen. Organisationskenntnisse benötigt deswegen nicht nur der Organisationsspezialist, sondern in besonderem Maße auch die Führungskraft. Kenntnisse der Methoden und Werkzeuge organisatorischer Arbeit sind für viele Ingenieure und Naturwissenschaftler ebenso zur Voraussetzung für die erfolgreiche Bewältigung ihrer Aufgaben geworden wie für Betriebswirte.

Mit dem vorliegenden Buch wird das Ziel verfolgt, Studenten sowie den oben genannten Mitarbeitern der Unternehmen eine zugleich theorieorientierte und praxisfundierte Beschreibung der wesentlichen Gebiete organisatorischer Gestaltungsarbeit anzubieten. Es wurde Wert auf eine leicht verständliche Darstellung gelegt. Viele Abbildungen, Kontrollfragen mit Lösungen und Praxisbeispiele tragen dazu bei, dass der Leser einen raschen Lernerfolg erzielen kann. Dabei werden für die schnelle Orientierung folgende Icons verwendet:

 Praktisches **B**eispiel

 Zusammenfassung der wichtigsten Inhalte

 Aufgaben zu den Themengebieten

 Lösungen am Ende des Lehrbuchs

In **Kapitel eins** wird zunächst ein Überblick über Begriff und Bedeutung der Organisation gegeben. **Kapitel zwei** behandelt die Aufbauorganisation und den methodischen Weg zur passenden Organisationsform. In **Kapitel drei** werden die Ablauf- und Prozessorganisation sowie deren Ziele beschrieben. **Kapitel vier** bildet den Schwerpunkt des Buchs: Die Vorgehensweise und das Projektmanagement in Organisationsprojekten sowie bewährte Methoden der organisatorischen Gestaltungsarbeit werden erläutert.

In das vorliegende Lehrbuch flossen Anregungen vieler Personen ein, die auf diese Weise zum Gelingen beitrugen. Ihnen allen möchte ich danken, ohne sie namentlich zu nennen. Wertvoll für den Autor waren vor allem die Diskussionen mit Studenten und Praktikern im Rahmen der Durchführung von Seminaren und Projekten. Für weitere Verbesserungsvorschläge ist der Autor immer dankbar. Anregungen können über die E-Mail-Kennung *rudolf.fiedler@fhws.de* weitergegeben werden.

Würzburg, im November 2013   Rudolf Fiedler

Inhalt

Abbildungsverzeichnis

1 Begriffsklärung

1.1 Organisation

Ein Unternehmen funktioniert nach bestimmten Regeln. Ein Teil dieser Regeln muss bewusst geschaffen werden. Wenn sie außerdem für einen längeren Zeitraum verbindlich und allgemeingültig sind, spricht man von **Organisation**.

> Unter Organisation versteht man bewusst geschaffene, dauerhafte und allgemeingültige Regelungen. Durch sie werden die Aufgaben der Mitarbeiter und die optimale Aufgabenerfüllung festgelegt.[1]

Neben diesem Verständnis von Organisation, man spricht vom funktionalen Organisationsbegriff, wird Organisation auch als ein sozio-technisches System gesehen (institutionaler Organisationsbegriff). Sozio-technisch bedeutet, dass Menschen und Sachmittel (Maschinen, Anlagen) zusammenwirken. Im Mittelpunkt steht nicht die bewusste Gestaltung, sondern die Analyse der vorhandenen sozio-technischen Beziehungen und Strukturen im Unternehmen.

Beispiele für organisatorische Regelungen:

1. *Die Unternehmensleitung beschließt, dass alle Kundenanfragen innerhalb einer Woche beantwortet werden müssen.*

2. *Arbeitsbestimmungen und Betriebsordnungen von Manufakturen und Amtsstuben der Jahre 1863 bis 1872:*
   „Das Personal braucht jetzt nur noch an Wochentagen zwischen 6 Uhr vormittags und 6 Uhr nachmittags anwesend sein. Es wird erwartet, dass alle Mitarbeiter ohne Aufforderung Überstunden machen, wenn es die Arbeit erfordert. Während der Bürostunden darf nicht gesprochen werden. Die Einnahme von Nahrung ist zwischen 11.30 Uhr und 12.00 Uhr erlaubt. Jedoch darf die Arbeit dabei nicht eingestellt werden. Das Verlangen nach Tabak, Wein oder geistigen Getränken ist eine Schwäche des Fleisches und als solche allen Mitgliedern des Bureaupersonals untersagt. Ein Angestellter, der Billardsäle und

---

[1] Vgl. dazu Schwarz, H., Betriebsorganisation als Führungsaufgabe: Organisation, Lehre und Praxis, 9. Aufl., Landsberg am Lech 1983, S. 18.

politische Lokale aufsucht, gibt Anlass, seine Ehre, Gesinnung, Rechtschaffen-
heit und Redlichkeit anzuzweifeln. Weibliche Angestellte haben sich eines
frommen Lebenswandels zu befleißigen. Jeder Angestellte hat die Pflicht, für
die Erhaltung seiner Gesundheit zu sorgen. Kranke Angestellte erhalten keinen
Lohn. Deshalb sollte jeder verantwortungsbewusste Angestellte von seinem
Lohn eine gewisse Summe zurücklegen, damit er bei Arbeitsunvermögen und
bei abnehmender Schaffenskraft nicht der Allgemeinheit zur Last fällt. Ferien
gibt es nur in dringenden familiären Fällen. Lohn wird für diese Zeit nicht be-
zahlt. Jeder Angestellte hat die Pflicht, den Chef über alles zu informieren, was
über diesen dienstlich oder privat gesprochen wird. Denken Sie immer daran,
dass Sie Ihrem Brotgeber Dank schuldig sind. Er ernährt Sie schließlich. Zum
Abschluss sei die Großzügigkeit dieser neuen Bureau-Ordnung betont.“

Natürlich kann man nicht alles dauerhaft und allgemeingültig regeln. Jedes Unternehmen
muss genügend Flexibilität besitzen, um auf unvorhergesehene Ereignisse reagieren zu können. Dieser Freiraum wird als **Improvisation** oder **Disposition** bezeichnet.

1. *Eine Maschine fällt aus. Deshalb müssen kurzfristig Überbrückungsmaßnah-*
   men eingeleitet werden. Wenn für diesen Fall keine dauerhaften Regelungen
   existieren, muss man vorübergehend improvisieren.

2. *Der Kunde reklamiert ein defektes Gerät. Der Sachbearbeiter muss entschei-*
   den, ob es im Kulanzweg zurückgenommen wird (Disposition). Diese Ent-
   scheidung ist nur für diesen Fall, also einmalig und nicht dauerhaft gültig.

In großen Unternehmen besteht die Tendenz, möglichst viel organisatorisch zu regeln. In
einem kleinen Betrieb dagegen wird naturgemäß eher improvisiert und disponiert. In der
Gründungsphase ist die formale Organisation ebenfalls noch wenig entwickelt. Erst im Laufe
der Zeit werden die organisatorischen Regelungen zunehmen (vgl. Abb. 1).

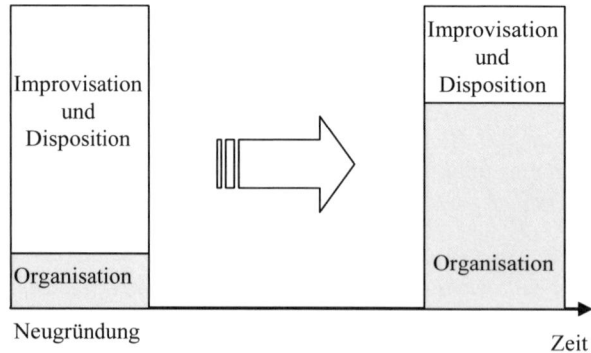

Abb. 1: Zunahme organisatorischer Regelungen

Entscheidend für den Erfolg eines Unternehmens ist es, das richtige Verhältnis von Organisation, Improvisation und Disposition zu finden (vgl. Abb. 2).

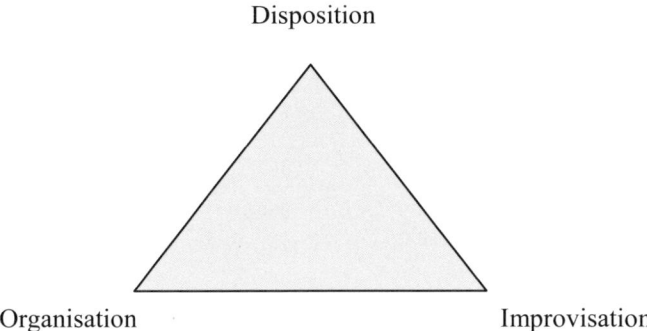

Abb. 2: Ausgewogenes Verhältnis von Organisation, Disposition und Improvisation

Wachsende Unternehmen benötigen ab einer bestimmten Größe eine komplexe Aufbauorganisation mit höherer Arbeitsteilung und straffe Prozesse, die klar geregelt sind. Manche mittelständische Unternehmen verpassen es, rechtzeitig die einfachen Strukturen und das Arbeiten auf Zuruf anzupassen. Kritische Schwellen des Wachstums, die man bei ca. 200 Millionen Umsatz ansetzt, können dann nicht überwunden werden.

Viele Großunternehmen stellen dagegen fest, dass sie zu viel Organisation und zu wenig Flexibilität besitzen. Dann muss der Weg zurück zu weniger Organisation gefunden werden.

 Die Mercedes Benz AG hat ab 1990 verschiedene Anstrengungen unternommen, um verkrustete Strukturen aufzubrechen. Mit der Bildung eigenständiger Unternehmenseinheiten im Konzern, sogenannter Profit Center (der Begriff wird in Abschnitt 2.4.1.3 erklärt), wollte man z. B. die Flexibilität erhöhen. Entscheidungen wurden vermehrt nicht mehr zentral durch den Vorstand, sondern dezentral von den Profit-Center-Leitern getroffen. Sie hatten einen großen Dispositionsfreiraum.

Bekannt ist außerdem der Abbau von Hierarchieebenen (vgl. Abb. 3). Die einzelnen Mitarbeiter erhielten einen größeren Entscheidungsspielraum. Die langen Entscheidungswege konnten dadurch verkürzt werden.

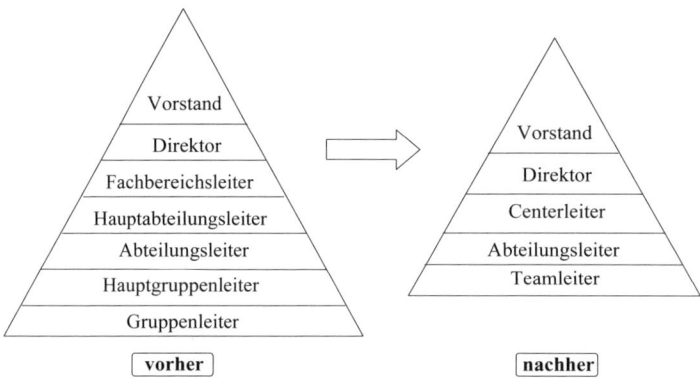

Abb. 3: Abbau von Hierarchieebenen bei der Mercedes Benz AG

Neben den im Sinne der Organisation bewusst geschaffenen Regeln existieren in jedem Betrieb informelle Beziehungen. Während die formale Organisation unabhängig von Personen, bewusst gestaltet und schriftlich dokumentiert ist, zeichnet sich die **informale Organisation** dadurch aus, dass sie personenabhängig, oft unbewusst und nicht schriftlich niedergelegt ist.

> *Zwei Kollegen aus verschiedenen Abteilungen fahren jeden Morgen zur Arbeit. Während der Fahrt tauschen sie gegenseitig Informationen aus, die sie aufgrund der bestehenden organisatorischen Regelungen nicht erhalten würden.*

Die formale Organisation ist eine grundlegende Aufgabe des Managements. Da jedoch die Unternehmensführung nicht alle organisatorischen Aufgaben selbst erledigen kann, werden diese oft an spezielle Organisationsabteilungen delegiert.

In Großunternehmen werden spezielle Organisatoren eingesetzt, deren Hauptaufgabe die Weiterentwicklung organisatorischer Regelungen ist. Über diese Berufsgattung erzählt man sich Folgendes:

> *Vertreter verschiedener Berufssparten diskutieren über die Frage, welcher Beruf der älteste sei. Der Jurist verweist auf die große Zahl von Bibelstellen, in denen auf die Rechtsprechung Bezug genommen wird; also sei die Juristerei sicherlich der älteste Berufsstand. Der Arzt widerspricht: Schließlich sei Eva aus der Rippe des Adam geschaffen worden, das aber sei eindeutig ein chirurgischer Eingriff gewesen. Der Architekt antwortet darauf, dass Gott die Welt in sieben Tagen planvoll aus dem Chaos erbaut habe. Und der Organisator? Er stellt die Gegenfrage: „...und wer schuf das Chaos?"*

Man hat erkannt, dass organisatorische Regelungen nicht ausschließlich zentral vorgegeben werden können. Sehr wichtig ist, dass alle Mitarbeiter davon überzeugt werden, ihr eigenes Aufgabengebiet bewusst zu organisieren und permanent nach Verbesserungspotenzialen zu suchen. In den letzten Jahren hat man große Anstrengungen unternommen, die Mitarbeiter dafür zu sensibilisieren. Bei der Robert Bosch GmbH, der DaimlerChrysler AG oder der Siemens AG initiierte man Projekte der ständigen Verbesserung, die unter den Begriffen Kaizen, KVP (kontinuierlicher Verbesserungsprozess) oder CIP (Continuous Improvement Process) bekannt wurden.

1.2   Aufbau- und Ablauforganisation

Bei der Gestaltung einer Organisation müssen vor allem die folgenden Fragen beantwortet werden:

1. Spezialisierung:
   Welche Aufgaben fallen an und welche Stellen und Abteilungen sind erforderlich, um sie zu erfüllen?
2. Koordination:
   Wie kann die Zusammenarbeit der Mitarbeiter und Gruppen im Sinne des Unternehmens gewährleistet werden? Das führt zur Frage, wer Entscheidungen trifft und das Recht hat, Mitarbeitern Weisungen zu erteilen. Zu klären ist auch, welche Prozesse standardisiert werden sollen. Koordinationsmechanismen halten Organisationen zusammen.
3. Konfiguration:
   Wie muss der Grundaufbau der Stellen und Abteilungen aussehen?
4. Arbeitsteilung:
   Wie stark sind die Arbeiten zu differenzieren, wann und wo werden sie wahrgenommen?

Die Fragen eins bis drei werden im Rahmen der Aufbauorganisation beantwortet. Frage vier führt zur **Ablauforganisation** und zur Prozessgestaltung. Die Aufbauorganisation befasst sich also mit der Struktur eines Unternehmens. Es werden die zu erfüllenden Aufgaben ermittelt und darauf aufbauend Stellen geschaffen, die wiederum zu Abteilungen, Hauptabteilungen usw. verbunden werden. Daraus entstehen die unterschiedlichen Organisationsformen, wie z. B. eine Gliederung des Unternehmens nach Funktionen oder Produktgruppen.

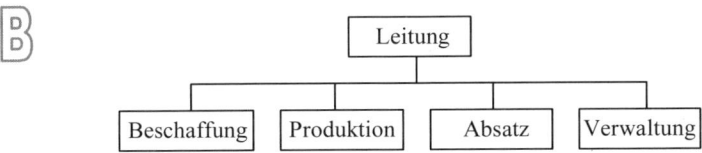

Abb. 4: Aufbauorganisation nach Funktionen

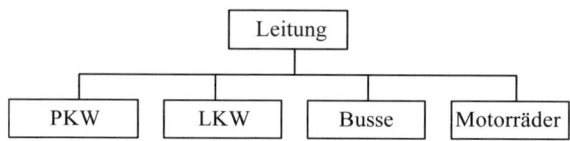

Abb. 5: Aufbauorganisation nach Produktgruppen

Die **Ablauforganisation** regelt dagegen Arbeitsabläufe (z. B. wie die Beschaffung eines neuen Computers für einen Mitarbeiter vonstattengeht) und Prozesse (z. B. die einzelnen Schritte für die gesamte Bearbeitung eines Kundenauftrags). Man kann die Ablauforganisation auch als den dynamischen Teil der Organisation betrachten. Obwohl in der organisatorischen Ausbildung oft zuerst die Aufbau- und dann erst die Ablauforganisation gelehrt werden, muss man beachten, dass in der Praxis beide Teile eng verzahnt sind. Bei jedem Organisationsprojekt sind Aufbau- und Ablauforganisation synchron zu betrachten.

Wird eine neue Software zur Unterstützung der Produktionsplanung eingeführt, so werden dadurch Arbeitsschritte wie die manuelle Rückmeldung und Dokumentation der Auftragsbearbeitungszeiten automatisiert (= Ablauforganisation). Gleichzeitig übernimmt der bisher für diese Aufgabe zuständige Mitarbeiter neue Tätigkeiten; vielleicht wird er auch in eine andere Abteilung versetzt (= Aufbauorganisation).

Ihr Lernerfolg für Kap. 1

Unter Organisation versteht man bewusst geschaffene, dauerhafte und allgemein-gültige Regelungen (funktionaler Organisationsbegriff), aber auch wie ein Unternehmen als sozio-technisches System funktioniert (institutionaler Organisationsbegriff).

Unternehmen sind dann erfolgreich, wenn sie die richtige Mischung aus Organisation, Disposition und Improvisation aufweisen. Dieses Mischungsverhältnis muss dauernd überprüft und angepasst werden.

Bei der Gestaltung der Organisation sind folgende Parameter festzulegen: Spezialisierung, Koordination, Konfiguration, Arbeitsteilung. Die Aufbauorganisation befasst sich mit den ersten drei Parametern, die Ablauforganisation mit dem vierten.

Aufgaben für Kap. 1

1. Was versteht man unter Organisation, Disposition und Improvisation?
2. Warum ist es so wichtig, ein ausgewogenes Verhältnis von Organisation, Disposition und Improvisation zu erreichen?
3. Welcher Unterschied besteht zwischen Aufbau- und Ablauforganisation?
4. Welche Fragen sind im Rahmen der Aufbau- und Ablauforganisation zu beantworten?

2   Aufbauorganisation

Kapitel 2 beschreibt die grundlegenden Gestaltungsbereiche im Rahmen der Aufbauorganisation (vgl. Abb. 6). Sie werden zunächst anhand eines Beispiels und danach vertiefend in den Abschnitten 2.1 bis 2.4 verdeutlicht.

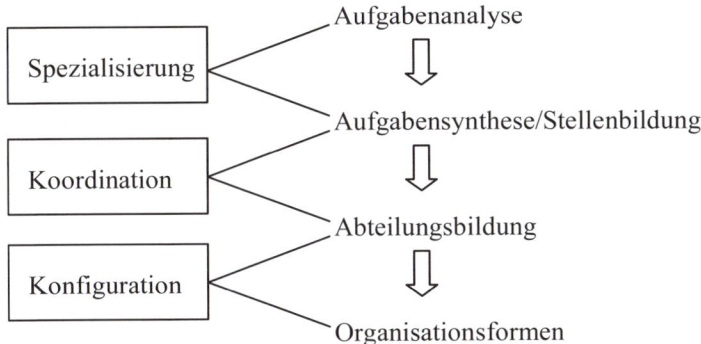

Abb. 6: Gestaltungsbereiche der Aufbauorganisation

B   *Gründet man das Unternehmen PC GmbH für den Handel mit Hardware „auf der grünen Wiese", so muss man sich zuerst über die anfallenden Aufgaben klar werden (vgl. Abb. 7). Diese **Aufgabenanalyse** führt zu Aufgaben wie:*

- *Einkauf von einzelnen Komponenten und von Komplettsystemen*
- *Vormontage einzelner Hardwarekomponenten*
- *Endmontage*
- *Auftragsannahme*
- *Versand*
- *Verwaltung*

*Die gefundenen Aufgaben sind Grundlage für die **Stellenbildung**. Hierbei gilt es festzulegen, ob bestimmte Aufgaben aufgrund des Aufgabenumfangs mehrere Stellen erfordern. Für den Einkauf der Komplettsysteme sieht man nur eine Stelle S1 vor. Der Einkauf der Einzelkomponenten dagegen ist aufwendiger. Deswegen wird diese Aufgabe auf die zwei Stellen S2 und S3 aufgeteilt (= Mengenteilung). Die Verwaltungsaufgaben werden ebenfalls zwei Stellen zugeordnet (S7 und S8). Wichtig ist auch die Frage, ob für die Aufgaben jeweils eine **spezialisierte Stelle** eingerichtet werden soll (= Artenteilung) oder ob sie auf unterschiedliche Stellen verteilt werden können. Vor- und Endmontage werden von einer Stelle S4 wahr-*

genommen. Separate Stellen bildet man auch für die Auftragsannahme und den Versand (S5 und S6).

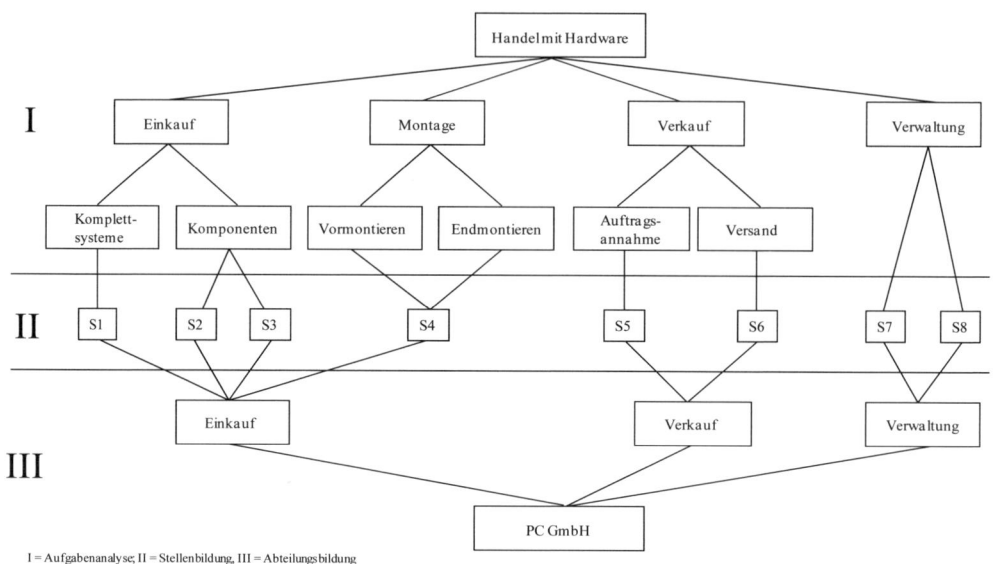

I = Aufgabenanalyse; II = Stellenbildung, III = Abteilungsbildung

Abb. 7: Gestaltung der Aufbauorganisation

*Im nächsten Schritt muss sichergestellt werden, dass alle Stellen im Sinne der Unternehmensziele agieren. Die Maßnahmen, die das sicherstellen sollen, werden als **Koordination** bezeichnet. Die Abstimmung zwischen den Stellen kann z. B. direkt zwischen den Stelleninhabern erfolgen (=Selbstabstimmung). Zusätzlich werden in den Unternehmen auch Richtlinien und Planvorgaben eingesetzt. Eine große Rolle spielt die Koordination durch persönliche Weisungen. Dafür werden im Beispiel die Stellen in geeigneter Weise zu **Abteilungen** zusammengefasst. Dabei entsteht eine neue Stellenart, die Leitungsstelle. Ihr obliegt die Koordination der Aufgaben ihrer Abteilung. Da es sich um ein kleines Unternehmen handelt, soll der Aufwand für die Organisation klein gehalten werden. Man richtet nur drei Abteilungen ein. Die Abteilung Einkauf umfasst die Stellen S1 bis S4, dem Verkauf werden S5 und S6 zugeordnet. Schließlich realisiert man noch eine Abteilung für die Verwaltung. Abteilungen werden nun weiter zusammengefasst. Im einfachen Beispiel ist das jedoch nicht nötig. Es reicht hier, die Stelle des Geschäftsführers für die Leitung des Gesamtunternehmens zu installieren.*

*Die beschriebene Gestaltung der Aufbauorganisation führt im Beispiel zur funktionalen Organisation. Das ist eine von mehreren möglichen **Organisationsformen** (vgl. Abschnitt 2.4). Die Erarbeitung einer Organisationsform bezeichnet man auch als **Konfiguration**.*

2.1   Aufgabenanalyse

Mit der Aufgabenanalyse will man herausfinden, welche Tätigkeiten wahrzunehmen sind, damit die Unternehmensziele erreicht werden. Als Ergebnis erhält man eine Aufgabengliederung (vgl. Abb. 8). Sie verschafft einen guten Überblick über die Aufgaben im untersuchten Bereich.

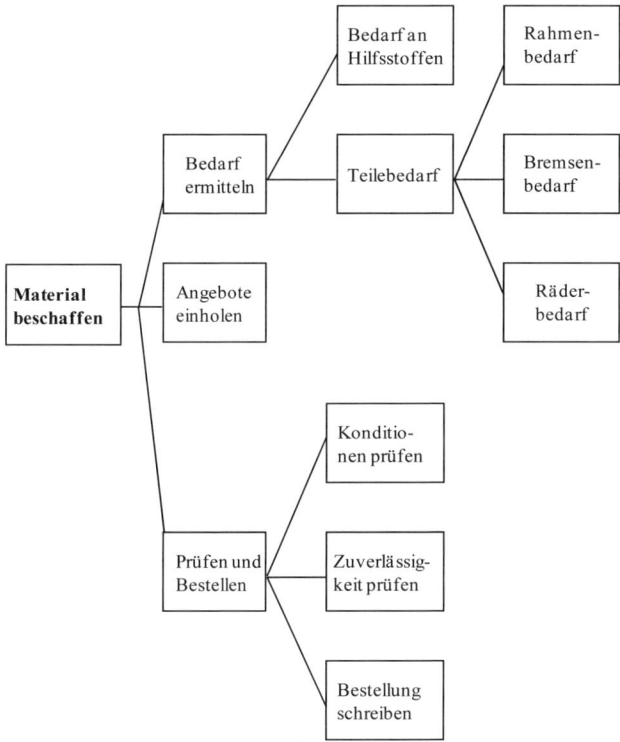

Abb. 8: Ergebnis einer Aufgabengliederung

Für die systematische Erhebung und Gliederung der Aufgaben ist es zweckmäßig, ein strukturiertes Interview zu führen (vgl. Abschnitt 4.3.2.1). Da die zu erhebenden Aufgaben noch unbekannt sind, empfiehlt es sich, die Fragen im Hinblick auf logische Aufgabenbeziehungen zu stellen. Im folgenden Beispiel sollen die Aufgaben eines Sachbearbeiters im Vertrieb, der für die Bearbeitung von Aufträgen zuständig ist, erhoben werden. Der Interviewer kann vier unterschiedliche Fragestellungen wählen:

Alternative eins
Frage: *Welche Teilaufgaben müssen erledigt werden?*
Antwort: Der Auftrag muss angenommen, geprüft und weitergeleitet werden.

Alternative zwei

Frage: *Welche Möglichkeiten haben Sie, Aufträge zu erfassen?*

Antwort: Aufträge werden entweder vom Kunden automatisch an die IT-Anlage übermittelt oder der Vertriebssachbearbeiter gibt sie manuell in ein PC-Programm ein.

Alternative drei

Frage: *Welche Bestandteile hat ein typischer Auftrag?*

Antwort: Ein Auftrag besteht aus dem Auftragskopf mit den Stammdaten des Kunden, den Bestellpositionen und einer Fußzeile mit der Gesamtsumme des Auftrags.

Alternative vier

Frage: *Welche unterschiedlichen Aufträge sind zu bearbeiten?*

Antwort: Großkundenaufträge und sonstige Aufträge.

Die beispielhaft skizzierten Fragen führen zu vier möglichen Aufgabengliederungen mit hoher praktischer Relevanz:

1. UND-Gliederung der Verrichtung (Alternative eins des Beispiels)
2. ODER-Gliederung der Verrichtung (Alternative zwei des Beispiels)
3. UND-Gliederung des Objekts (Alternative drei des Beispiels)
4. UND-Gliederung des Objekts (Alternative vier des Beispiels)

Eine Gliederung ist jeweils auszuwählen und als Grundlage für weitere Fragen heranzuziehen. Hat man sich im Beispiel für die UND-Gliederung der Verrichtung entschieden, würde man als Nächstes auf die Auftragsannahme Bezug nehmen und die Frage stellen, welche Teilaufgaben erledigt werden müssen, um den Auftrag anzunehmen.

Neben der Aufgabenanalyse nach Verrichtung und Objekt differenziert man Aufgaben auch nach

- dem Rang (Unterteilung in Entscheidungs- und Ausführungsaufgaben),

- der Phase (Planung, Realisierung, Kontrolle) und

- der Zweckbeziehung (Verwaltungsaufgaben, Zweckaufgaben). Zweckaufgaben sind solche, die direkt etwas mit der Leistungserstellung des Unternehmens zu tun haben. Also z. B. der Einkauf von Hardwarekomponenten.

Mit einer systematisch durchgeführten Aufgabenanalyse ist es möglich, Aufgaben vollständig und übersichtlich zu erfassen. Die Technik ist für viele Zwecke anwendbar. So können auch die in einem Projekt anfallenden Aufgaben oder der Aufbau eines Buches strukturiert werden.

Ihr Lernerfolg für Kap. 2.1

Mit einer systematisch durchgeführten Aufgabenanalyse ist es möglich, Aufgaben vollständig und übersichtlich zu erfassen. Das ist die Grundlage für die Stellenbildung.

Die Gliederung einer Aufgabe kann nach unterschiedlichen Gesichtspunkten erfolgen. Praktisch bedeutsam sind UND-Gliederungen nach Verrichtung und Objekt sowie ODER-Gliederungen nach Verrichtung und Objekt.

Aufgaben für Kap. 2.1

5. Nach welchen Kriterien kann man eine Aufgabe gliedern?
6. Gliedern Sie die Aufgabe „PKW herstellen" nach Verrichtung und alternativ nach dem Objekt.
7. Gliedern Sie die Aufgabe „Unternehmen für den Berufseinstieg wählen" nach dem ODER-Objekt. Wählen Sie ein Objekt aus und gliedern Sie dieses weiter nach der UND-Verrichtung. Hinweis: Ihr Beispiel muss sinnvoll sein und je Gliederungsstufe mindestens drei Teilaufgaben umfassen.

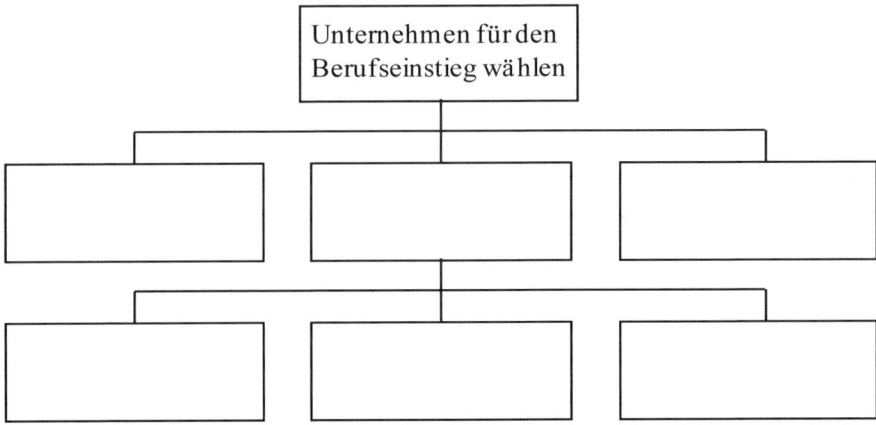

8. Gliedern Sie die Aufgabe „Hochzeit planen" wie folgt:
   - erste Untergliederung nach dem Objekt
   - zweite Untergliederung nach der Verrichtung
   - dritte Untergliederung nach dem Objekt (Untergliederung einer Aufgabe der zweiten Gliederungsebene reicht)

2.2   Stellenbildung

Durch die Kombination der durch die Aufgabenanalyse gewonnenen Teilaufgaben zu Stellen
soll eine sinnvolle arbeitsteilige Ordnung entstehen. Die Aufgaben können nach unterschiedlichen Kriterien entweder zentral oder dezentral den Stellen zugeordnet werden. Dabei ist
immer der **Grundsatz der Organisation** zu beachten: Aufgabe, Kompetenz und Verantwortung müssen übereinstimmen.

2.2.1   Zentralisation/Dezentralisation

Die folgende Abb. 9 beinhaltet das Ergebnis einer Aufgabenanalyse für den Handel mit
Notebooks, Desktops und Handhelds. Auf dieser Grundlage wurden drei Stellen für Einkau-
fen, Lagern und Verkaufen eingerichtet. Die Stellenbildung erfolgte nach dem Prinzip der
Zentralisation. Alle Einkäufe werden z. B. in einer auf diese Verrichtung spezialisierten
Stelle durchgeführt.

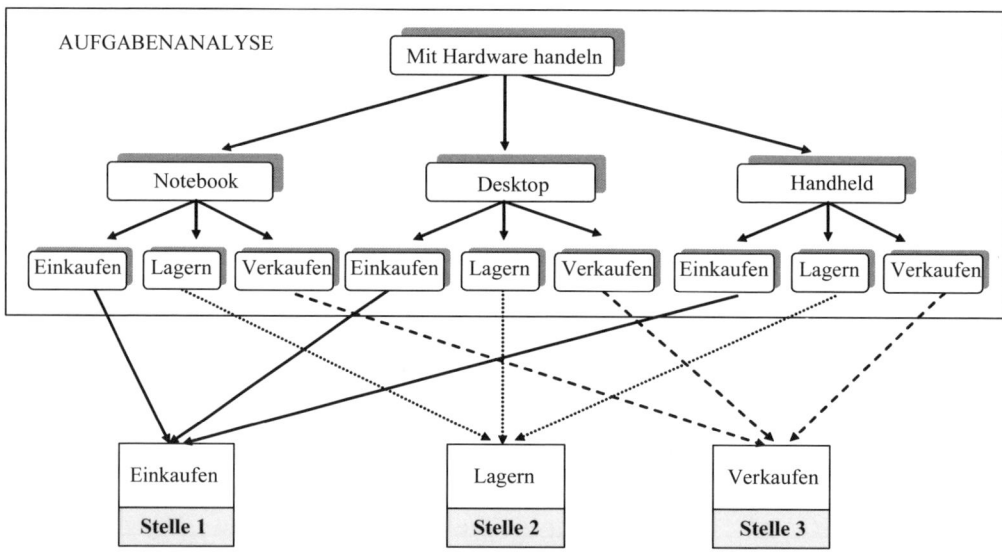

Abb. 9: Stellenbildung nach dem Prinzip der Verrichtungszentralisation

> Bei der **Zentralisation** werden gleichartige Aufgaben in einer Stelle zusammengefasst.

Davon zu unterscheiden ist die Dezentralisation. Bildet man im Beispiel Stellen, die jeweils
für den Einkauf zuständig sind, so wird die Verrichtung Einkaufen dezentralisiert.

> Bei der **Dezentralisation** werden gleichartige Aufgaben mehreren Stellen zugeordnet.

2.2.2 Bildungskriterien

Es gibt unterschiedliche Möglichkeiten der Zentralisation. Neben der **Zentralisation nach der Verrichtung** (vgl. Abb. 9) kann man die Aufgaben der Aufgabengliederung auch nach weiteren Kriterien den Stellen zuordnen:

Zentralisation nach dem Objekt

Die Objekte der Aufgabengliederung werden zentral den Stellen zugeordnet. Abb. 10 zeigt ein Beispiel für die Objektzentralisation. Es fällt auf, dass bei einer objektzentralen Stellenbildung gleichzeitig die Verrichtungen dezentralisiert werden.

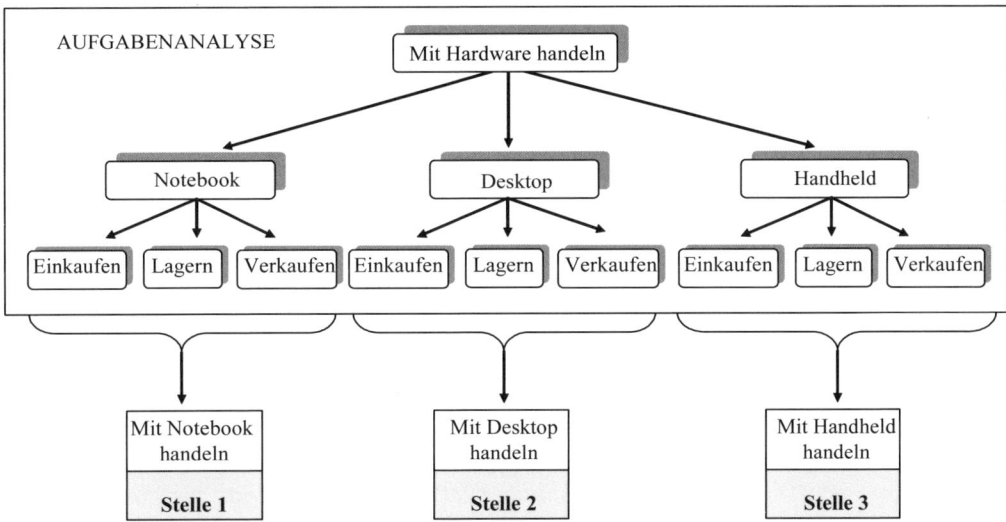

Abb. 10: Stellenbildung nach dem Prinzip der Objektzentralisation

Interessant ist es, die Veränderung der Stellenbildung im Laufe der Zeit zu verfolgen. Bekannt ist der Erfolg von Henry Ford am Anfang des 20. Jahrhunderts, der nach dem Vorbild der damaligen Fleischwarenfabriken seine „Tin Lizzy" stark arbeitsteilig produzierte. Er nutzte die Vorteile der Verrichtungszentralisation, um eine hohe Produktivität zu erreichen. Jeder der am Fließband stehenden Arbeiter baute mit einem stets wiederkehrenden Handgriff ein bestimmtes Teil ein – oft bis zu 16 Stunden am Tag. Es wird berichtet, dass Ford die Fertigung des Fahrgestells von 12 auf 1,5 Arbeitsstunden verringern konnte. Der damit mögliche niedrige Verkaufspreis des Autos – der Preis des Modells T konnte von anfangs 850 Dollar (dem Jahreslohn eines Arbeiters) auf 265 Dollar herabgesetzt werden – und die Zuverlässigkeit waren Voraussetzungen für die riesige Nachfrage. Allerdings zeigten sich mit der Zeit auch die Nachteile dieser Art der Fertigung. Viele Arbeiter richteten sich durch die sehr schlechten Arbeitsbedingungen zugrunde. Vor allem in Zeiten der Hochkonjunktur wuchs die Unzufriedenheit. Dies wiede-

rum hatte eine sinkende Produktivität zur Folge. Als Konsequenz verringerte man die Fließbandarbeit und ersetzte sie, wo es möglich war, durch die Werkstattfertigung.

Anfang der Siebzigerjahre sorgte Volvo für Aufsehen. Die Aufgaben bei der Automobilfertigung wurden objektzentralisiert. Hinzu kam die Teamarbeit. Werkstatt-Teams ersetzten die Fließbandarbeit. Vorreiter war das Werk Kolmar in Schweden. Einige Komponenten der damaligen Arbeitsweise sind im Folgenden aufgeführt:

- *Bildung von 20 Gruppen mit jeweils 15 bis 25 Mitarbeitern.*
- *Jede Gruppe war für einen bestimmten Montageabschnitt verantwortlich, z. B. für Bremsen oder Armaturen.*
- *Die Gruppenmitglieder bestimmten selbst, wie sie die Aufgaben im Team aufteilten.*
- *Pufferzonen zwischen den Arbeitszonen erlaubten es, das Arbeitstempo zu variieren.*
- *Die Karosserien wurden auf Elektrokarren transportiert, die man auch zu einem Fließband zusammensetzen konnte. Jedes Team war so in der Lage, selbst zu entscheiden, ob es lieber an stationären Werkbänken oder am Band arbeitete.*
- *Die Fertigungshallen wurden sehr menschengerecht gestaltet. Z. B. gab es lange Fensterfronten, die viel Licht in die Gebäude ließen. Eine große Anzahl von Ecken und Winkeln in den Hallen vermittelte den Eindruck, die Arbeitsgruppen befänden sich in einer kleinen Werkstatt.*

Das Experiment bei Volvo wurde nach einiger Zeit eingestellt. Jedoch haben in den 1990er-Jahren die Automobilhersteller, getrieben durch das Vorbild der japanischen Unternehmen, vermehrt die Teamarbeit in der Produktion eingeführt.

In der Praxis besteht die Kunst darin, das richtige Verhältnis von verrichtungs- und objektzentraler Stellenbildung, also den geeigneten Grad der Spezialisierung zu finden. Wie die folgende Abb. zeigt, bringt eine zunehmende Arbeitsspezialisierung bis zu einem gewissen Punkt einen Zuwachs an Produktivität. Denn ein Mensch, der nicht für eine komplexe Gesamtaufgabe, sondern nur für kleine, eindeutig abgegrenzte Tätigkeiten zuständig ist, wird in deren Ausübung schnell geübt und damit sehr produktiv sein. Erhöht man dann aber die Spezialisierung weiter, führt dies zu sinkender Produktivität. Der Grund ist vor allem darin zu sehen, dass Erschöpfung, Stress und damit verbunden hohe Fehlzeiten und starke Fluktuation auftreten. Die Mitarbeiter sind unzufrieden und liefern schlechte Qualität ab.

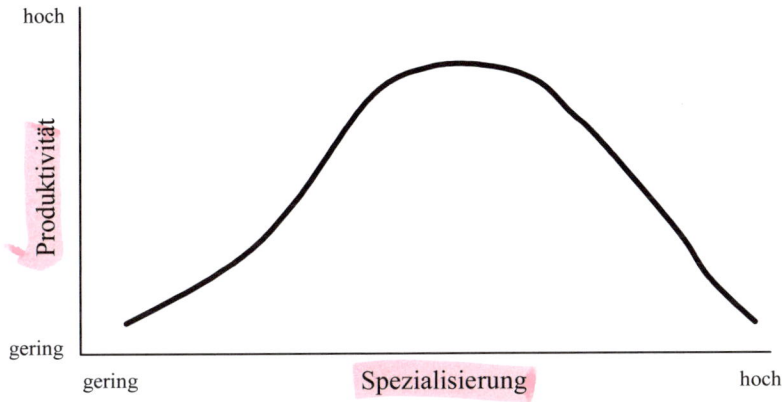

Abb. 11: Wirkung zunehmender Spezialisierung[2]

Zusammenfassend werden in Abb. 12 die möglichen Vor- und Nachteile der verrichtungs- und objektzentralen Stellenbildung gegenübergestellt.

Vorteile Verrichtungszentralisation = Nachteile Objektzentralisation	Nachteile Verrichtungszentralisation = Vorteile Objektzentralisation
Hohe Übungsgewinne durch die Spezialisierung.	Einseitige Beanspruchung des menschlichen Organismus.
Bessere Ausnutzung spezialisierter und teurer Maschinen.	Die Monotonie der Arbeit erzeugt Überdrussgefühl.
Die Anlern- und Ausbildungszeit ist relativ kurz.	Die Anpassungs- und Umstellungsfähigkeit des Menschen nimmt ab.
Die Kontrollmöglichkeiten sind gut.	Die Zahl der Transportvorgänge wächst.
	Der planerische Aufwand nimmt zu.
	Die Abwesenheitsrate ist hoch.
	Die Qualität der Arbeit ist gering.
	Die Unfallgefahr nimmt zu.

Abb. 12: Vor- und Nachteile der Verrichtungszentralisation

Zentralisation nach der Phase

Planungs-, Realisierungs- und Kontrollaufgaben werden jeweils speziellen Stellen zugeordnet. Eine Stelle, die vor allem Planungsaufgaben hat, ist die strategische Planung. Eine Stelle, bei der Kontrollaufgaben im Vordergrund stehen, ist die interne Revision.

---

[2] Robbins, S., Organisation der Unternehmung, 9. Aufl., München 2001, S. 485.

Zentralisation nach der Zweckbeziehung

Der Buchhalter hat Verwaltungsaufgaben zu erfüllen, die nicht direkt etwas mit der Leistungserstellung zu tun haben. Der Bediener einer Maschine bekleidet dagegen eine Stelle mit Zweckaufgaben.

Zentralisation nach dem Rang

Nach dem Rang unterscheidet man Ausführungs- und Entscheidungsaufgaben. Werden Entscheidungsaufgaben in einer Stelle konzentriert, so entsteht eine Leitungsstelle (vgl. Abschnitt 2.2.3). Je höher eine Stelle in der Unternehmenshierarchie angesiedelt ist, desto mehr Entscheidungsaufgaben müssen wahrgenommen werden. Allerdings hat selbst der Vorstand eines Unternehmens in geringem Umfang auch Ausführungsaufgaben zu erfüllen, z. B. wenn er dem Aufsichtsrat berichtet oder ein Gespräch mit einem Bewerber für die Leitung eines wichtigen Unternehmensbereichs führt.

Eine bedeutsame Frage bei der Stellenbildung ist, wie Aufgaben, die mit Entscheidungsrechten verbunden sind, auf die Stellen zu verteilen sind (vgl. die Vor- und Nachteile in Abb. 13). Ein extremes Beispiel für eine Stelle ohne Entscheidungsaufgaben ist der Arbeiter am Fließband, dem alle Handgriffe genau vorgeschrieben werden. Kommt es zu einer Situation, die nicht genau geregelt wurde und in der eine Entscheidung zu treffen ist, muss der Vorgesetzte gefragt werden.

Vorteile der Entscheidungsdezentralisation	Nachteile der Entscheidungsdezentralisation
Entlastung des Vorgesetzten	Uneinheitliche Willensbildung
Motivation der Mitarbeiter	Entscheidern fehlt manchmal der gesamtbetriebliche Überblick
Schnellere und flexiblere Reaktion durch Entscheidungen vor Ort	Hoher Abstimmungsaufwand
Problemorientiertere Entscheidungen	

Abb. 13: Vor- und Nachteile der Entscheidungsdezentralisation

Durch die zunehmende Verfügbarkeit von Informationen an allen Arbeitsplätzen ist es heute einfacher, Entscheidungen vor Ort zu treffen. Auch mit der Einführung von Teamarbeit geht eine Dezentralisation der Entscheidungen einher. Die Mitarbeiter erhalten größere Entscheidungsspielräume.

2.2.3   Stellenarten

Durch die Zentralisation bzw. Dezentralisation der Aufgaben aus der Aufgabenanalyse entstehen unterschiedliche Stellen:

- Ausführungsstellen
- Leitungsstellen
- Stabsstellen

Für die Unterscheidung dieser Stellen kann man die Merkmale Befugnisumfang, Aufgabenart und Aufgabenumfang heranziehen:

1. Befugnisumfang
Eine Stelle kann folgende Befugnisse besitzen:

- Recht, Entscheidungen zu treffen (Entscheidungsbefugnis)
- Weisungsrecht gegenüber anderen Stellen (Weisungsbefugnis)
- Recht auf Versorgung mit Informationen (Informationsbefugnis)
- Recht, bestimmte Sachmittel zu nutzen (Verfügungsbefugnis)

Sind alle Befugnisse vorhanden, so handelt es sich um eine Linienstelle. Als **Linienstellen** bezeichnet man die Ausführungs- und die Leitungsstellen (= Instanzen).

Fehlen Weisungs- und Entscheidungsbefugnisse, liegt eine **Stabsstelle** vor. Ein Stab besitzt in der Regel nur ein Vorschlagsrecht. Ein Sonderfall der Stabsstelle ist die Assistenz. Die Assistenz muss normalerweise häufig wechselnde Aufgaben erfüllen. Sie unterstützt eine zugeordnete Instanz umfassend. Während Stäbe wie Recht, Controlling, Public Relations oder Organisation mit Spezialisten besetzt werden, erfordert die Assistenz den Generalisten.

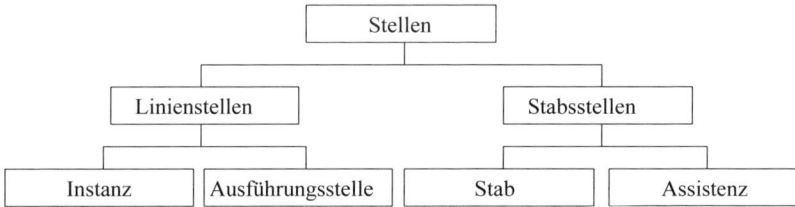

Abb. 14: Stellenarten

2. Aufgabenart
Zu differenzieren sind Ausführungs-, Leitungs- und Unterstützungsaufgaben. Leitungsstellen (z. B. Abteilungsleiter Einkauf, Vorstand) nehmen überwiegend Leitungsaufgaben wahr. Ausführungsaufgaben werden von den Ausführungsstellen (z. B. Einkäufer), Unterstützungsaufgaben von Stäben (z. B. Controller) und Assistenzen (z. B. Assistent des Vorstands) übernommen.

3. Aufgabenumfang
Aufgaben können haupt- oder nebenamtlich erfüllt werden. Die Stellen der Abb. 14 erfüllen ihre Aufgaben hauptamtlich. Für die nebenamtliche Wahrnehmung von Aufgaben können Kollegien oder Ausschüsse gebildet werden. **Kollegien** befassen sich mit Sonderaufgaben wie der Vorbereitung eines Jubiläums anlässlich des hundertjährigen Bestehens des Unternehmens. Sie sind zeitlich befristet und ihre Aufgaben werden zusätzlich zu einer Hauptaufgabe nebenamtlich einem Stelleninhaber übertragen. Im Unterschied dazu übt der **Ausschuss** Daueraufgaben aus. Ein Beispiel ist der IT-Ausschuss. Er befasst sich mit IT-Projekten und allen Fragen zum Thema Informationsverarbeitung. In der Praxis werden Kollegium und

Ausschuss häufig synonym verwendet. Gebräuchlich sind auch Begriffe wie Arbeitskreis, Projektgruppe oder Komitee.

Die folgende Abbildung gibt einen Überblick über Kennzeichen der verschiedenen Stellenarten:

Merkmal	Ausführungs- stelle	Instanz	Stab	Assistenz
Aufgabe	Ausführung	Leitung	Unterstützung der Leitung	Fallweise Unterstüt- zung der Leitung
Befugnisse	Vollkompetenz	Vollkompetenz	Teilkompetenz	Teilkompetenz
Mitarbeiterqualifi- kation	Spezialist	Generalist	Spezialist	Generalist
Beispiele	Buchhalter, Einkäufer, Verkäufer, Monteur	Geschäftsführer, Vorstand, Leiter Einkauf, Leiter Verkauf, Meister	Organisation, Controlling, Rechtsabteilung	Sekretärin, Assistent der Geschäftsleitung

Abb. 15: Kennzeichen verschiedener Stellenarten

Die folgenden Texte aus Stellenannoncen geben einen Einblick in Aufgaben der Ausführungs-, Leitungs- und Stabsstellen sowie einer Assistenz:

Ausführungsstelle:
Personalsachbearbeiter für ein Bauunternehmen

Das Aufgabengebiet umfasst im Wesentlichen das selbstständige und sichere Ab- wickeln der Lohn- und Gehaltsabrechnung sowie das Melde- und Bescheini- gungswesen.
Wir erwarten eine motivierte Persönlichkeit mit sozialer Kompetenz. Fundiertes Wissen im Bereich der Sozialversicherung und der Lohnsteuer sowie gute PC- Kenntnisse sind Grundvoraussetzungen für eine erfolgreiche Bewerbung. Kennt- nisse im Baubereich sind von Vorteil.

Leitungsstelle:
Gesamtbetriebsleiter für ein mittelständisches Unternehmen der Glasbranche

Zu Ihren Hauptaufgaben gehören:

- *Produktionssteuerung und Planung*
- *Führung und Koordination der Arbeitsvorbereitung und des Einkaufs*
- *Führung der Produktionsleiter*
- *Sicherstellung einer wirtschaftlichen Produktion*
- *Mitarbeiterführung*

Sie haben Berufserfahrung und Fachkenntnisse in den Bereichen:

- *Produktionssteuerung und Planung*
- *Mitarbeiterführung*
- *Glasfachwissen und Maschinentechnik*
- *Kaufmännische/technische Ausbildung oder einschlägiges Hochschulstudium*
- *Kompetenzen im Bereich Planung, Organisation und Führung*
- *Technisches Verständnis über Glasbearbeitung*

Stabsstelle:
Leiter der Stabsstelle Öffentlichkeitsarbeit einer kirchlichen Einrichtung

Ihre Aufgabe besteht in der Bündelung und effizienten Gestaltung der Öffentlichkeitsarbeit des Bischöflichen Generalvikariates. In enger Abstimmung mit den Abteilungen tragen Sie die Budgetverantwortung für die Öffentlichkeitsarbeit, die Sie profilieren und neu positionieren. Als Leiter der Stabsstelle, die neu eingerichtet wird, sind Sie direkt dem Bischöflichen Generalvikar zugeordnet.

Für diese Aufgabe erwarten wir:

- *Einschlägige Ausbildung und mehrjährige Berufserfahrung im Bereich PR und Unternehmenskommunikation*
- *Erfahrung in der Steuerung von Projekten und Prozessen*
- *Kreativität und Teamfähigkeit*
- *Hohe Kommunikationskompetenz und Einfühlungsvermögen*
- *Zugehörigkeit zur katholischen Kirche und Identifikation mit ihren Zielsetzungen*

Assistenz:
Assistent der Geschäftsführung für ein IT-Unternehmen

Sie unterstützen unsere Geschäftsleitung bei sämtlichen projektbezogenen und administrativen Aufgabenstellungen und erledigen alle anfallenden Sekretariatsaufgaben (Korrespondenz vorwiegend in deutscher und englischer Sprache) professionell. Sie bereiten Besuche und Reisen im In- und Ausland vor und haben Spaß an neuen Aufgabenstellungen.

Nach einer einschlägigen Ausbildung – gern auch mit abgeschlossenem Studium – haben Sie schon mindestens drei Jahre Berufserfahrung gesammelt. Sie bringen ausgezeichnete analytische Fähigkeiten und ein gutes Zahlenverständnis mit. Sehr gute Kenntnisse der Office-Software sowie den Umgang mit dem Internet setzen wir ebenso voraus wie ein sehr gepflegtes äußeres Erscheinungsbild und sehr gute Umgangsformen. Sollte Ihre Arbeitsweise zudem selbstständig und zielorientiert sein und Sie sich auch in schwierigen Situationen mit diplomatischem Geschick durchsetzen können, so passen Sie ausgezeichnet zu uns.

2.2.4   Stellenbeschreibung

Die Stellenbeschreibung (vgl. Abb. 16) beschreibt eine Stelle verbindlich hinsichtlich

- Aufgaben,
- Kompetenzen,
- Zielen und
- ihrer Eingliederung in die organisatorische Struktur des Unternehmens.

Die Stellenbeschreibung wird meist federführend durch die Organisations- oder die Personalabteilung eingeführt. Dabei geht man in folgenden Schritten vor:

- Ermittlung und Analyse des Ist-Zustands der Stelle
- Entwurf der Stellenbeschreibung unter Berücksichtigung des Soll-Zustands
- Diskussion mit dem Stelleninhaber und seinem Vorgesetzten
- Entscheidung über die endgültige Abfassung
- Einführung und laufende Aktualisierung

Es ist darauf zu achten, dass Stellenbeschreibungen personenunabhängig (sachbezogen oder „ad rem") erstellt werden.

Naturgemäß wird die Stellenbeschreibung auf unteren Hierarchieebenen schwerpunktmäßig Aufgaben beinhalten, wogegen Stellenbeschreibungen für das Management eher Ziele aufweisen.

Die Abfassung einer Stellenbeschreibung ist, vor allem wenn man dazu neigt, sehr viele Details festzuschreiben, aufwendig. Andererseits dient sie als wertvolle Planungsgrundlage für die Gehaltsfindung sowie für die Personalbeurteilung und -entwicklung. Weitere Vorteile sind:

- Kompetenzstreitigkeiten können eher geregelt werden.
- Man ist in der Lage, neue Mitarbeiter gezielter und damit schneller einzuarbeiten.
- Man hat einen Beurteilungsmaßstab für die Kontrolle der Aufgabenerfüllung.
- Sie dient als Soll-Profil für die Auswahl neuer Mitarbeiter.

Stellenbeschreibung des Leiters Organisation	
Bezeichnung der Stelle Leiter der Organisation	**Rang der Stelle** Hauptabteilungsleiter
Direkt unterstellte Mitarbeiter 1. Leiter der Aufbauorganisation 2. Leiter der Ablauforganisation 3. Sekretärin	**Vorgesetzter** Leiter der Verwaltung
Ziele der Stelle Gestaltung und Verwaltung einer wirtschaftlichen Organisations- und Informationsstruktur	**Befugnisse** Genehmigung von Ausgaben bis zur Höhe von 10.000 EUR

Anforderungen an den Stelleninhaber
Betriebswirtschaftliches Hochschulstudium, mehrjährige Berufspraxis auf den Gebieten der Organisation und Informationsverarbeitung

Kommunikationsbeziehungen
Tägliche Abstimmung mit den Leitern der Aufbau- und Ablauforganisation. Wöchentliche Besprechung mit dem Leiter der Verwaltung sowie den Leitern der Informationsverarbeitung und der internen Revision.

Hauptaufgaben
- Beratung in organisatorischen Grundsatzangelegenheiten
- Planung der Aufbau- und Ablauforganisation
- Konzeption, Vorbereitung, Überwachung von Organisationsprojekten
- Berichterstattung über die Ergebnisse wichtiger Projekte
- Veröffentlichung von Organisationsrichtlinien
- Mitwirkung bei der Auswahl von IT-Systemen
- Begutachtung von Anträgen der Fachabteilungen für neue Planstellen

Datum	Unterschrift Vorgesetzter	Unterschrift Stelleninhaber
---------------------------	---------------------------	---------------------------

Vermerk für das Personalwesen:	Tarifgruppe: IIa

Abb. 16: Beispiel einer Stellenbeschreibung

Ihr Lernerfolg für Kap. 2.2

Die mit der Aufgabenanalyse gewonnenen Aufgaben können zentral oder dezentral den Stellen zugeordnet werden. Eine Stellenbildung nach dem Prinzip der Verrichtungszentralisation führt bis zu einem bestimmten Punkt zu steigender Produktivität. Danach bewirken die menschlichen Folgekosten, dass die Produktivität wieder abnimmt.

Wichtig ist auch die Frage, ob man Entscheidungen zentral oder dezentral auf die Stellen verteilen soll.

Man unterscheidet Ausführungs-, Leitungs-, Stabsstellen und Assistenzen. Ausführungs- und Leitungsstellen werden auch als Linienstellen bezeichnet. Sie besitzen Entscheidungs-, Weisungs-, Informations- und Verfügungsbefugnisse. Dagegen besitzen Stabsstellen und Assistenzen keine Weisungs- und Entscheidungsbefugnisse.

Leitungsstellen haben im Unterschied zu Ausführungsstellen überwiegend Leitungsaufgaben wahrzunehmen.

Kollegien und Ausschüsse übernehmen Aufgaben nebenamtlich. Im Unterschied zum Kollegium übt der Ausschuss Daueraufgaben aus.

Mit Stellenbeschreibungen werden Aufgaben, Kompetenzen und Ziele einer Stelle dokumentiert. Beschrieben wird auch die Eingliederung in die organisatorische Struktur des Unternehmens.

Aufgaben für Kap. 2.2

9. Bilden Sie anhand der abgebildeten Aufgabenanalyse drei Stellen nach dem Prinzip der Verrichtungszentralisation.

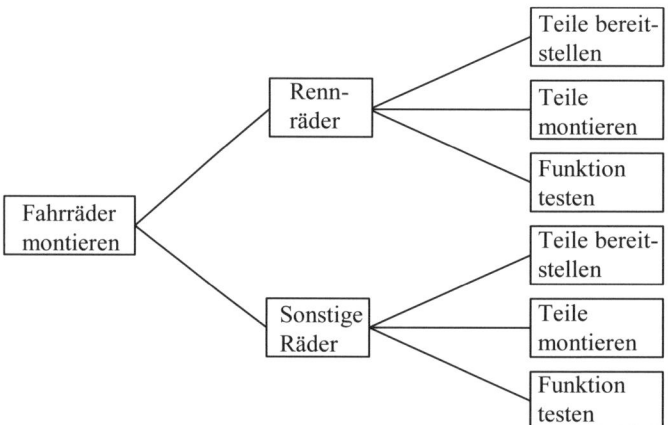

Abb. 17: Aufgaben der Fahrradmontage

10. Die folgende Abbildung enthält das Ergebnis einer Aufgabenanalyse. Bilden Sie auf dieser Grundlage vier Stellen nach dem Prinzip der Verrichtungszentralisation. Fassen Sie die Stellen auch in einer geeigneten Abteilung zusammen.

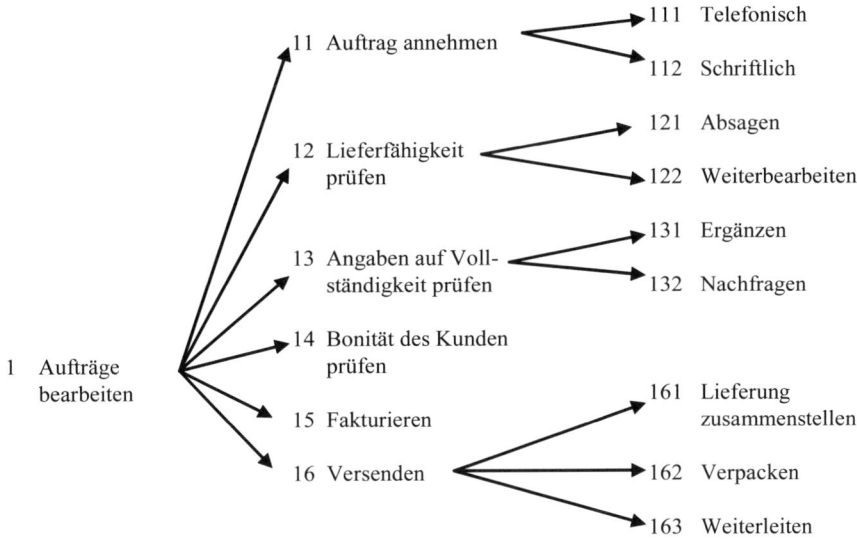

Abb. 18: Aufgaben der Auftragsbearbeitung

11. Beschreiben Sie Unterschiede zwischen Ausführungsstellen, Instanzen, Stäben und Assistenzstellen.
12. Nennen Sie jeweils drei konkrete Beispiele für Ausführungsstellen und Stäbe.
13. Was versteht man unter einer Stellenbeschreibung? Nennen Sie wesentliche Inhalte einer Stellenbeschreibung.
14. Erstellen Sie eine Stellenbeschreibung für den Pfarrer im Beispiel „Hochzeit planen".

2.3 Abteilungsbildung

2.3.1 Vorgehensweise

Eine Abteilung wird gebildet, indem man Stellen zusammenfasst und eine verantwortliche Abteilungsleitung bestimmt (primäre Abteilungsbildung). Durch die Verdichtung dieser Abteilungen gelangt man zu weiteren Organisationseinheiten, für die man in der Praxis unterschiedliche Begriffe wie Hauptabteilung, Bereich, Ressort verwendet (sekundäre Abteilungsbildung). Durch die schrittweise Zusammenfassung von Stellen und Abteilungen entsteht die Unternehmenshierarchie (vgl. Abb. 19).

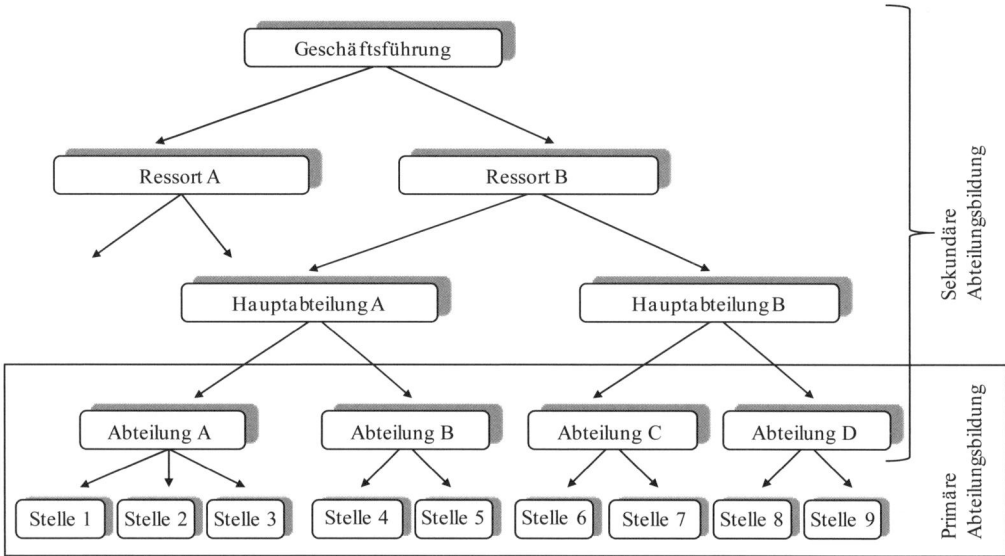

Abb. 19: Bildung der Unternehmenshierarchie

2.3.2 Leitungsstellen und Leitungsspanne

Für jede Abteilung muss eine Leitungsstelle bestimmt werden. Formal entsteht sie durch Zusammenfassung von Leitungsaufgaben bei einer Stelle.

Man unterscheidet Instanzen, die aus einer Leitungsstelle (Singularinstanzen) und solche, die aus mehreren Leitungsstellen bestehen, wie z. B. der Vorstand einer AG (Pluralinstanz).

Bei der Bildung einer Leitungsstelle ist darauf zu achten, dass sie nicht überlastet ist. Wesentlichen Einfluss darauf nimmt die Zahl der direkt untergebenen Stellen, die **Leitungsspanne**. Sie hängt von verschiedenen Einflussfaktoren ab:

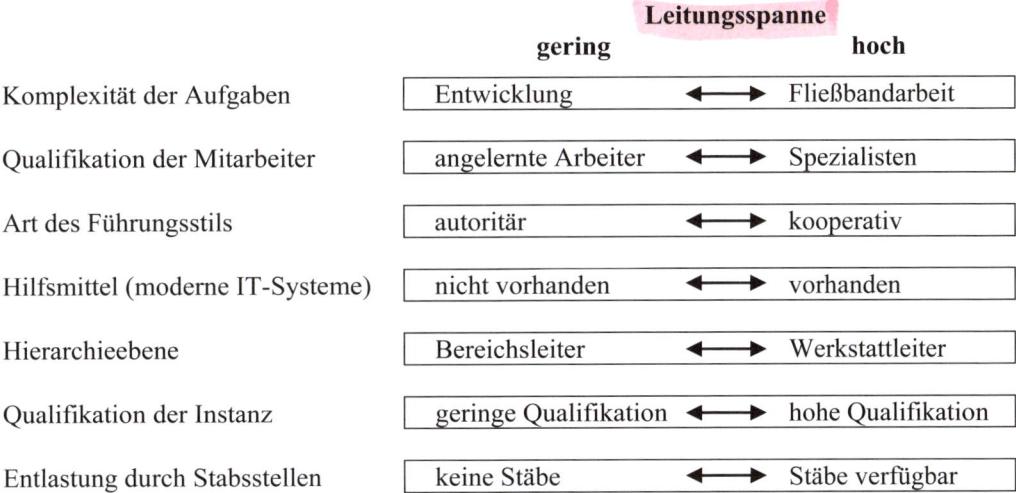

	Leitungsspanne	
	gering	hoch
Komplexität der Aufgaben	Entwicklung	←→ Fließbandarbeit
Qualifikation der Mitarbeiter	angelernte Arbeiter	←→ Spezialisten
Art des Führungsstils	autoritär	←→ kooperativ
Hilfsmittel (moderne IT-Systeme)	nicht vorhanden	←→ vorhanden
Hierarchieebene	Bereichsleiter	←→ Werkstattleiter
Qualifikation der Instanz	geringe Qualifikation	←→ hohe Qualifikation
Entlastung durch Stabsstellen	keine Stäbe	←→ Stäbe verfügbar

Abb. 20 zeigt ein Unternehmen mit 15 Stellen. Bei geringer Leitungsspanne muss jeder Vorgesetzte zwei Mitarbeiter führen. Die Variante mit hoher Leitungsspanne erhöht die Anzahl der untergebenen Mitarbeiter auf sechs. Dadurch wird die Hierarchie flacher. Die Größe der Leitungsspanne hat also Einfluss auf die Hierarchie. Flache Hierarchien erreicht man, indem die Leitungsspanne bei gleich bleibender Mitarbeiterzahl erhöht wird. Dadurch ändern sich auch die Kommunikations- und Entscheidungsprozesse. Informationen werden auf ihrem Weg vom Mitarbeiter an der Basis bis zum Top-Management durch die vielen Organisationsebenen gefiltert und verändert.[3] Flache Hierarchien mindern diesen Nachteil. Entscheidungen können schneller getroffen werden, das Unternehmen wird flexibler. Zudem fallen weniger Kosten für die Verwaltung an. Vor allem Unternehmen der Informationstechnologie weisen regelmäßig nur wenige Hierarchieebenen auf. Die SAP AG, der größte deutsche Anbieter von Standardsoftware, besteht z. B. aus Vorstand, Abteilungsleitern und den einzelnen Ausführungsstellen. Dagegen war die Führungsstruktur bei großen deutschen Konzernen wie der Siemens AG oder der Mercedes Benz AG in der Vergangenheit sehr tief gegliedert (vgl. Abb. 3). Im Rahmen der Lean-Management-Entwicklung hat jedoch generell ein Änderungsprozess hin zu flachen Hierarchien eingesetzt.

---

[3] Weinert, A., Organisationspsychologie, 4. Aufl., München 1998, S. 603 f.

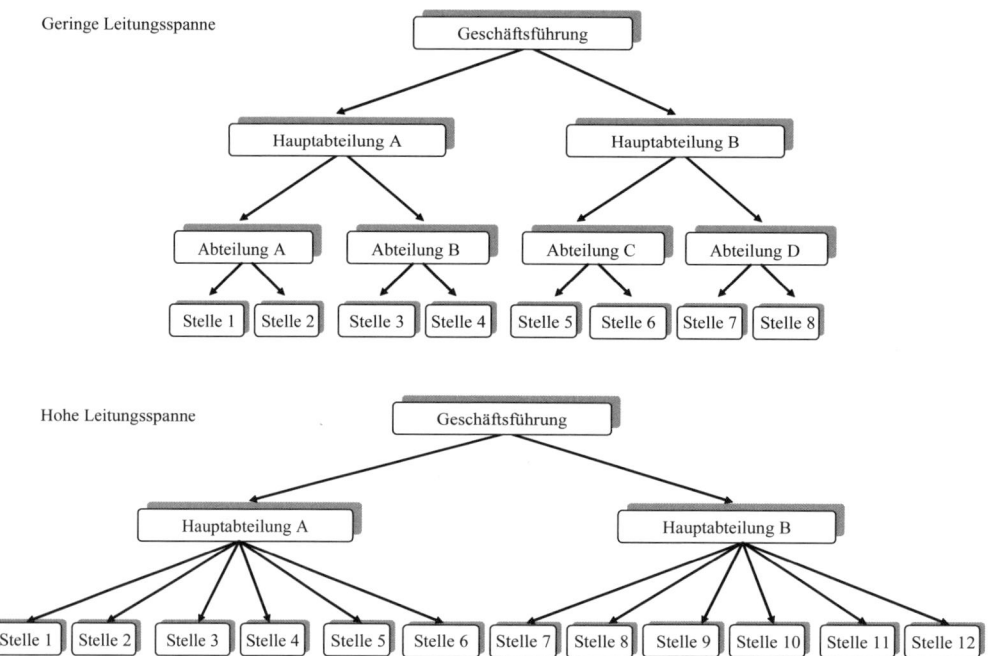

Abb. 20: Geringe und hohe Leitungsspanne

2.3.3   Organigramm

Das Organigramm verdeutlicht grafisch die Aufbauorganisation eines Unternehmens.

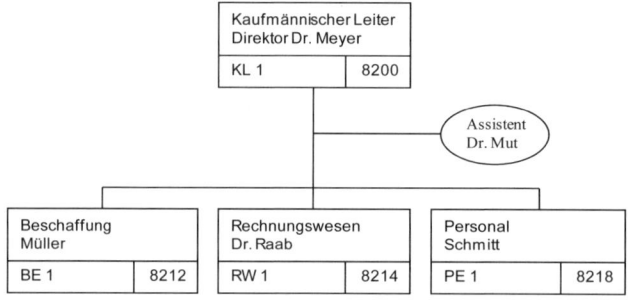

Abb. 21: Ausschnitt aus einem Organigramm

Ersichtlich sind neben den Stellen und Abteilungen auch die Beziehungen der Stellen untereinander, die Leitungsspanne der Instanzen, die Zuordnung von Stabsstellen, der Name des
Stelleninhabers, die Kurzbezeichnung der Abteilung und oft auch die Telefon- und Kosten-
stellennummer.

Die ANDREAS STIHL AG & Co. KG ist ein mittelständisches Unternehmen, das sich mit der Entwicklung, Herstellung und dem Vertrieb von Motorsägen und Motorgeräten befasst. STIHL ist Marktführer und hat im Jahr 2008 mit 3.750 Beschäftigten einen Umsatz von 817 Millionen Euro erwirtschaftet. Das Organigramm des Unternehmens verdeutlicht die hierarchische Position der Stelleninhaber, ihre Namen sowie die Werks- und Abteilungsbezeichnung.

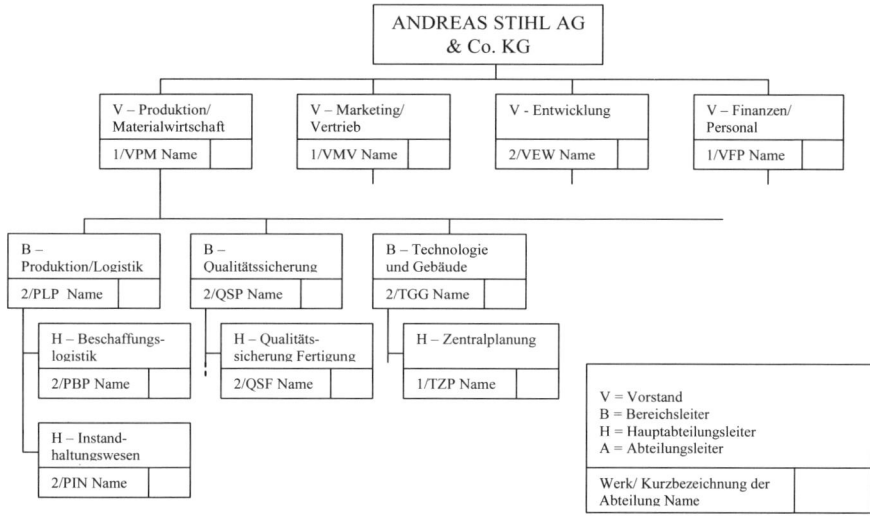

Abb. 22: Ausschnitt aus dem Organigramm der ANDREAS STIHL AG & Co. KG

Organigramme gibt es in unterschiedlicher Verdichtung für einzelne Abteilungen, Bereiche oder als Überblick über das gesamte Unternehmen. Das Organigramm wird meist in Form einer vertikalen oder horizontalen Baumstruktur dargestellt. Seltener findet man Block-, Sonnen- oder Ringsegmentorganigramme (vgl. Abb. 23).

2.3.4 Funktionendiagramm

Funktionendiagramme verbinden das Organigramm mit der Aufgabengliederung. Das abgebildete Funktionendiagramm enthält vertikal ein Blockorganigramm, horizontal eine ebenfalls in Blockform dargestellte Aufgabengliederung (vgl. Abb. 24). Außerdem wird durch Symbole oder Buchstaben verdeutlicht, inwiefern eine Stelle an der Erfüllung einer Aufgabe beteiligt ist. Z. B. trifft der Leiter der Beschaffung in Abb. 24 alle Entscheidungen über die Beschaffung, ordnet die Durchführung an und kontrolliert diese auch. Das Funktionendiagramm ist eine Darstellung, die viele Informationen auf einen Blick bietet. Allerdings ist die

Erstellung besonders dann sehr aufwendig, wenn weder Aufgabengliederung noch Organigramme vorliegen.[4]

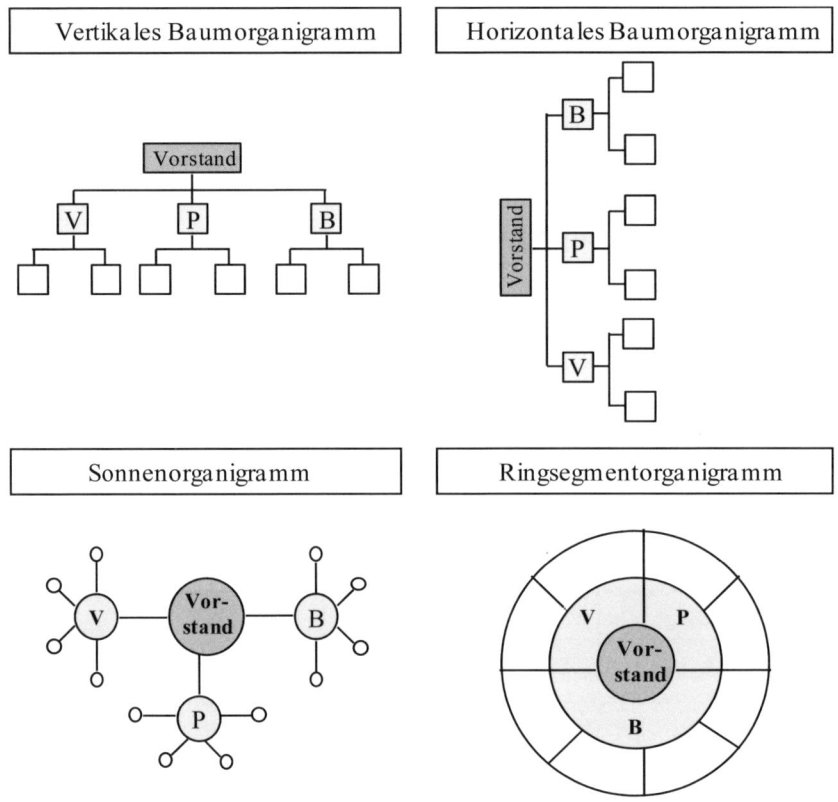

V = Vertrieb B = Beschaffung P = Produktion

Abb. 23: Darstellungsvarianten des Organigramms

---

[4] Wittlage, H., Methoden und Techniken praktischer Organisationsarbeit, 3. Aufl. 1993, Herne/Berlin 1993, S. 134 .

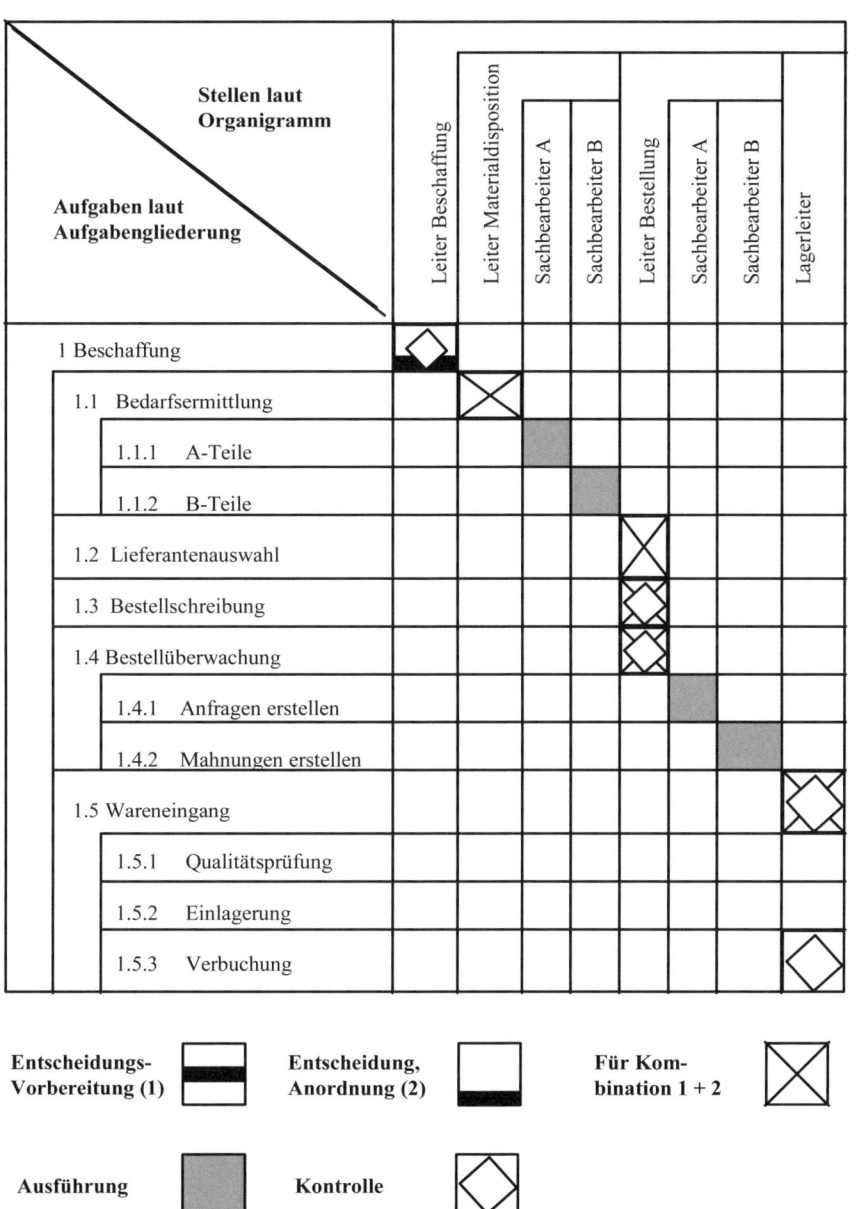

Abb. 24: Funktionendiagramm

Ihr Lernerfolg für Kap. 2.3

Eine Abteilung wird gebildet, indem man Stellen zusammenfasst und eine verantwortliche Abteilungsleitung bestimmt.

Man unterscheidet Instanzen, die aus einer Leitungsstelle (Singularinstanzen), und solche, die aus mehreren Leitungsstellen bestehen, wie z. B. der Vorstand einer AG (Pluralinstanz).

Die Zahl der direkt untergebenen Stellen nennt man Leitungsspanne. Hohe Leitungsspannen führen zu flachen Hierarchien.

Die Aufbauorganisation eines Unternehmens wird mit dem Organigramm grafisch verdeutlicht.

Das Funktionendiagramm verbindet das Organigramm mit der Aufgabengliederung. Es wird durch Symbole oder Buchstaben angezeigt, inwiefern eine Stelle an der Erfüllung einer Aufgabe beteiligt ist.

Aufgaben für Kap. 2.3

15. Wie erfolgt die Bildung von Abteilungen?
16. Was verstehen Sie unter der Leitungsspanne und wovon hängt sie ab?
17. Wie ist ein Funktionendiagramm aufgebaut?
18. Erstellen Sie ein Funktionendiagramm für das Beispiel „Hochzeit planen".

2.4   Organisationsformen

2.4.1   Grundformen

In Abhängigkeit davon, wie die oben beschriebene Bildung von Stellen und Abteilungen über mehrere Stufen hinweg erfolgt, entstehen unterschiedliche Organisationsformen. Grundsätzlich unterscheidet man dabei zwischen **Ein- und Mehrliniensystemen**. Ein weiteres Unterscheidungsmerkmal der verschiedenen Organisationsformen ist die **Art der Zentralisation**. Manche Unternehmen sind auf der zweiten Ebene nach Verrichtungen (Einkauf, Produktion, Verkauf, Verwaltung) gegliedert, andere nach Objekten (Produktgruppen, Kundengruppen, Regionen). Abb. 25 ordnet die in den folgenden Abschnitten behandelten Organisationsformen diesen Merkmalen zu.

	Art der Zentralisation	
	Verrichtung	Objekt
Einliniensystem	Funktionale Organisation	Divisionale Organisation
Mehrliniensystem	Matrixorganisation Tensororganisation	Matrixorganisation Tensororganisation

Abb. 25: Klassifizierung unterschiedlicher Organisationsformen

2.4.1.1   Ein- und Mehrliniensystem

Im Einliniensystem erhält eine Stelle nur von **einer** übergeordneten Instanz Weisungen (vgl. Abb. 26). Dagegen wird im Mehrliniensystem der Grundsatz der Einheitlichkeit der Aufgabenerteilung aufgehoben. Eine Stelle kann Anordnungen von **mehreren** übergeordneten Instanzen erhalten (vgl. Abb. 27).

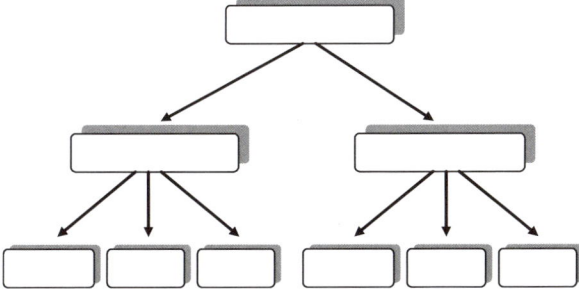

Abb. 26: Einliniensystem

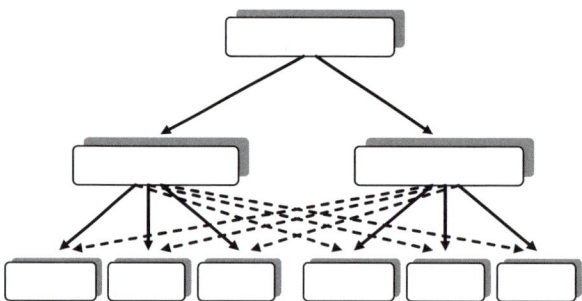

Abb. 27: Mehrliniensystem

Das Mehrliniensystem geht auf das Funktionsmeistersystem von Taylor zurück. Er ging davon aus, dass ein Werkstattmeister acht verschiedene Aufgaben zu erfüllen habe und damit überfordert sei. Deshalb sei es notwendig, für jede Teilaufgabe einen Spezialisten (Funktionsmeister) einzusetzen. Jeder Funktionsmeister darf dem Arbeiter in Angelegenheiten, die sein Spezialgebiet betreffen, Anweisungen erteilen.

In Abb. 28 werden Ein- und Mehrliniensysteme gegenübergestellt.

	Einliniensystem	**Mehrliniensystem**
Vorteile	• Eindeutige Unterstellungsverhältnisse • Einfacher Aufbau • Genaue Kompetenzabgrenzung	• Spezialisierung • Direkter Weg der Auftragserteilung
Nachteile	• Belastung der Instanzen • Schwerfälligkeit der Organisation • Motivationshemmend	• Aufwendige Abgrenzung der Zuständigkeiten • Hohe Belastung der Untergebenen

Abb. 28: Beurteilung von Ein- und Mehrliniensystem

Eine Sonderform des Einliniensystems ist das Stabliniensystem. Zusätzliche Stäbe unterstützen die Instanzen bei deren Aufgabenerfüllung.

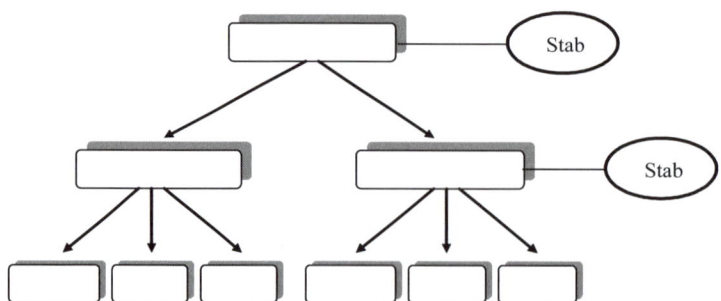

Abb. 29: Stabliniensystem

Mit zunehmender Größe eines Unternehmens nimmt die Belastung der Instanzen im Einlinsystem zu. Dann ist es sinnvoll, den Instanzen spezielle Stabsstellen zu deren Entlastung zuzuordnen. Sie sammeln insbesondere Informationen für die Vorbereitung von Entscheidungen.

Bei der Siemens AG existieren sehr große konzernübergreifende Stäbe, die sogenannten Zentralabteilungen. Sie agieren unabhängig von den Linienbereichen und sind für Themen wie Unternehmensentwicklung, Personalwesen und Technologie zuständig.

Die Instanzen unterliegen allerdings der Versuchung, bei Fehlentscheidungen die Stäbe verantwortlich zu machen. Es besteht auch die Gefahr, dass diese Stäbe aufgrund ihres Spezialwissens sehr mächtig werden. Dann entsteht faktisch ein Mehrliniensystem, bei dem die Linienstellen neben ihren formalen Instanzen auch von den Stäben Weisungen erhalten.

Von 1969 bis 1988 gab es bei der Siemens AG sogenannte Zentralbereiche, die sehr einflussreich waren. Das traf insbesondere auf den Zentralbereich Vertrieb zu. Diese Stäbe hatten eine bedeutende Richtlinienkompetenz. Vor allem die langen Entscheidungswege zwischen den Zentralbereichen und den Unternehmensbereichen waren hinderlich für das Geschäft.

2.4.1.2   Funktionale Organisation

Bei der funktionalen oder verrichtungsorientierten Organisation ist die zweite Hierarchieebene nach Verrichtungen gegliedert. Entsprechend dem Wertefluss unterscheidet man im Industriebetrieb Einkauf, Produktion, Vertrieb und Verwaltung. Die funktionale Organisation ist die am häufigsten gewählte Organisationsform und kommt vor allem bei kleinen und mittelständischen Unternehmen vor.

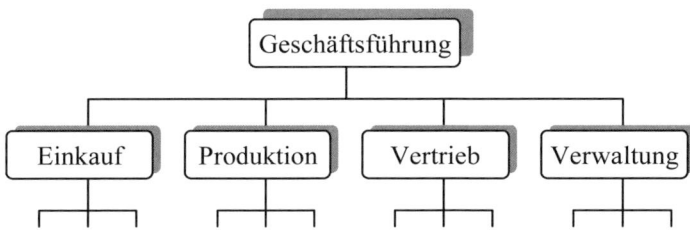

Abb. 30: Funktionale Organisation

Die VESTOLIT GmbH & Co. KG ist ein Unternehmen der chemischen Industrie und produziert Kunststoffe für Produkte des allgemeinen Bedarfs. Das Unternehmen ist Marktführer in der Herstellung von PVC für Fensterprofile, Bodenbeläge und Kfz-Unterbodenschutz.

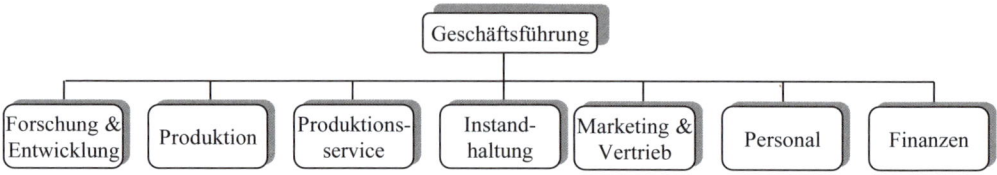

Abb. 31: Funktionale Aufbauorganisation der VESTOLIT GmbH & Co. KG

Vorteile	**Nachteile**
• Einfach und wenig Aufwand verursachend • Entspricht der beruflichen Spezialisierung	• Gefahr des Ressortegoismus (man neigt dazu, seine eigene Funktion für die wichtigste zu halten) • Der Beitrag der einzelnen Funktionen zum Gesamtergebnis ist nicht ersichtlich

Abb. 32: Vor- und Nachteile der funktionalen Organisation

2.4.1.3 Divisionale Organisation

Die divisionale Organisation, auch Spartenorganisation oder objektorientierte Organisation genannt, ist auf der zweiten Hierarchieebene nach Objekten strukturiert (vgl. Abb. 33). Es handelt sich meistens um Produktgruppen, Kundengruppen oder regionale Einheiten.

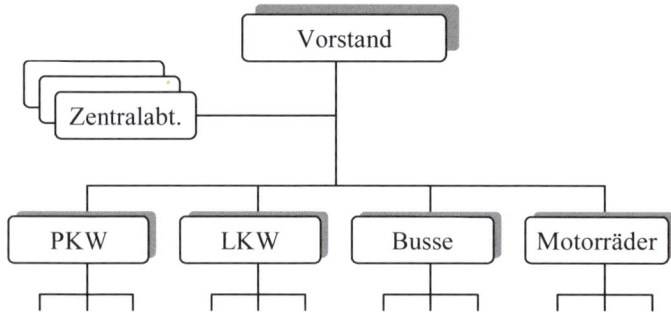

Abb. 33: Divisionale Organisation

Da diese Organisationsform im Vergleich zur funktionalen Organisation eine höhere Spezialisierung der Mitarbeiter ermöglicht, findet man sie vor allem bei Unternehmen mit einem heterogenen Produktionsprogramm.

Weitere Merkmale der divisionalen Organisation:

- Die Divisionen besitzen alle Sachfunktionen (Einkauf, Produktion, Vertrieb, Verwaltung). Da sie in vielen Fällen für das erwirtschaftete Ergebnis verantwortlich sind, bezeichnet man die Divisionen auch als „Unternehmen im Unternehmen".

- Die Divisionsleiter haben weitgehende Entscheidungsbefugnisse.
- Die Divisionen können in unterschiedlicher Weise für das Ergebnis verantwortlich gemacht werden:

Form	Verantwortlich für	Messgröße
Cost Center	Kosten	Budget
Profit Center	Ergebnis	Deckungsbeitrag, Gewinn
Investment Center	Investiertes Kapital und Ergebnis	Return on Investment, Rentabilität

Abb. 34: Formen der Divisionalisierung

- Neben den Divisionen gibt es in der Regel Zentralabteilungen, die die Unternehmensspitze bei der Koordination der Divisionen unterstützen und zentrale divisionsübergreifende Aufgaben wahrnehmen. Beispiele sind Zentralabteilungen für Personal, Recht, Public Relations oder Controlling.
- Die Divisionen sollten möglichst unabhängig voneinander sein, damit man ein eindeutiges Ergebnis ermitteln kann.

Vorteile	Nachteile
• Starke Marktorientierung • Hohe Spezialisierung durch Funktions-Produkt-Spezialisten • Weniger Ressortdenken als in der funktionalen Organisation • Besondere Motivation der Divisionsmanager	• Aufwendiger als die funktionale Organisation

Abb. 35: Vor- und Nachteile der divisionalen Organisation

Die Deutsche Telekom AG ist in zwei Bereiche gegliedert, die jeweils für ein abgegrenztes Leistungsspektrum zuständig sind. Das Kerngeschäft der Telekom Deutschland GmbH umfasst Produkte und Dienste für Festnetztelefonie, Breitbandinternet, mobile Sprache und Daten sowie internetbasiertes Fernsehen. T-Systems betreut die Großkunden der Deutschen Telekom. Das Kerngeschäft sind Dienstleistungen im Bereich der Informations- und Kommunikationstechnik und Dienste für Rechenzentren.

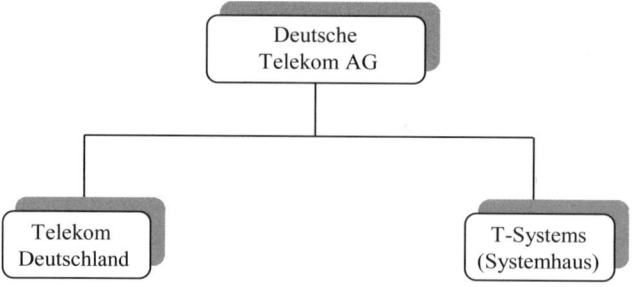

Abb. 36: Divisionale Organisation der Telekom AG

Das Beispiel der Lenz-Ziegler-Reifenscheid GmbH (LZR GmbH) zeigt, dass durchaus auch kleinere Unternehmen mit 180 Mitarbeitern divisional gegliedert sein können. Die LZR GmbH bietet Produkte und Leistungen für den Baubereich an.

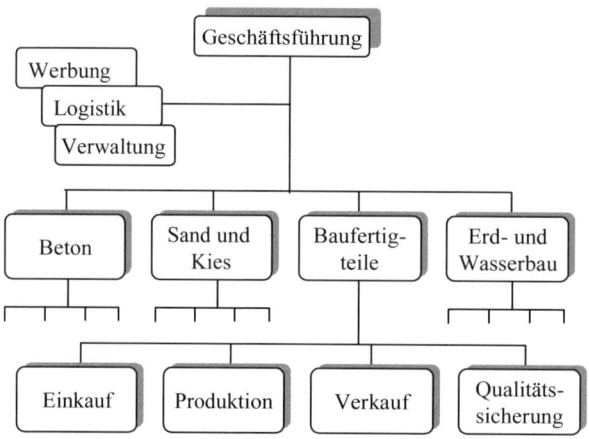

Abb. 37: Divisionale Organisation der Lenz-Ziegler-Reifenscheid GmbH

2.4.1.4   Matrixorganisation

Bei einer Matrixorganisation überlagern sich zwei Organisationsstrukturen. Diese Organisationsform zählt deswegen zu den Mehrliniensystemen. Abb. 38 zeigt eine Matrix**produkt**organisation. In Abschnitt 2.4.2.1.2 wird die Matrix**projekt**organisation behandelt.

In der Matrixorganisation der Abb. 38 haben sowohl die Produktverantwortlichen wie auch die Funktionsmanager Linienkompetenzen. Während die Produktmanager alle Aktivitäten, die mit ihren Produkten zusammenhängen, quer über die Funktionsbereiche koordinieren, verteilen die Funktionsmanager die knappen Ressourcen ihres Fachbereichs auf die Produkte. Dabei besteht kein Weisungsrecht gegenüber den Produktmanagern. Das Management ist gezwungen, sich im konstruktiven Dialog zu einigen. Nur in unauflösbaren Konfliktfällen greift die Geschäftsführung bzw. der Vorstand regelnd ein.

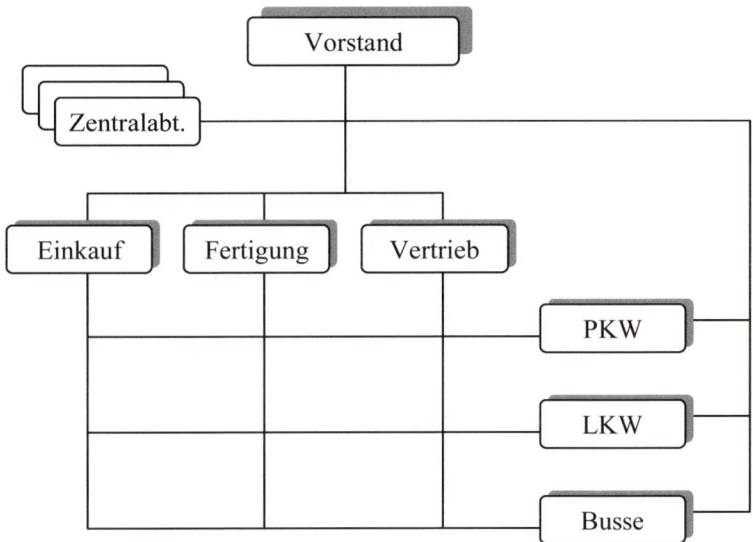

Abb. 38: Matrixorganisation

Die Matrixorganisation findet man meist bei international tätigen Konzernen mit unter-
schiedlichem Produktspektrum, weil sie eine hohe Spezialisierung und die Konzentration auf
den Markt fördert. Eine Matrixorganisation wird vor allem dann gewählt, wenn folgende
Voraussetzungen gegeben sind:

1. Unterschiedliche Erwartungen, die gleichermaßen erfüllt werden müssen.
   Verlangen die Kunden in einem Unternehmen mit sehr anspruchsvollen Produkten eine
   eindeutig definierte Anlaufstelle für alle Aufträge, ist es naheliegend, in der Aufbauorganisation neben produktorientierten Zuständigkeiten auch kundenorientierte festzulegen.
2. Aufgabeninhalte, die sich schnell ändern, komplex und stark vernetzt sind.
3. Notwendigkeit, aufgrund des starken Wettbewerbs und des damit verbundenen Zwangs
   zur Effizienz gemeinsame Ressourcen zu nutzen (z. B. ein Produktionswerk für verschiedene Produkte).

Vorteile	Nachteile
• Starke Marktorientierung	• Doppelte Unterstellung der Mitarbeiter in den Fachabteilun-
• Förderung innovativer Ideen	gen (widersprechende Anordnungen, hohe Belastung)
• Hohe Spezialisierung	• Gefahr unbefriedigender Kompromisse im Management
• Schnelle und flexible Reaktion auf Ände-	• Verzögerte Entscheidungen
rungen	• Aufwendige Koordination und Kompetenzabgrenzung
	• Viele Führungskräfte notwendig (Kosten!)

Abb. 39: Vor- und Nachteile der Matrixorganisation

Die Brose GmbH & Co. KG fertigt mit 19.000 Mitarbeitern mechatronische Systeme für Türen und Sitze von Automobilen sowie Elektromotoren. Die nach Produktgruppen gebildeten Geschäftsbereiche nutzen gemeinsame Produktionswerke.

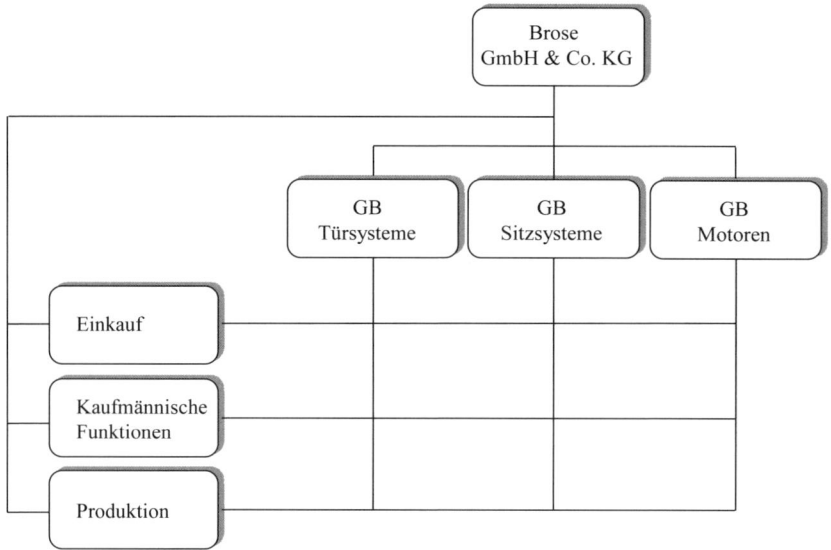

Abb. 40: Matrixorganisation Brose GmbH & Co. KG

Ein typisches Beispiel für eine Matrixorganisation im Entwicklungsbereich ist die PKW-Entwicklung von Mercedes. Vor der Umorganisation wurde für jede Baureihe individuell, nach unterschiedlichen Standards und technischen Lösungen entwickelt. Dadurch war die Komplexität sehr hoch. Die Qualität war aufgrund der vielen Varianten nicht befriedigend, zahlreiche Parallelentwicklungen führten zu hohen Kosten. Die Lichtdrehschalter fielen z. B. in jeder Baureihe unterschiedlich aus. Bei VW hingegen wurden sie im Golf sowie in Fahrzeugen von Audi, Skoda und Seat vereinheitlicht. 2006 wurde deswegen eine Matrixorganisation realisiert. Querschnittsfunktionen stellen jetzt sicher, dass der Variantenreichtum reduziert wird.

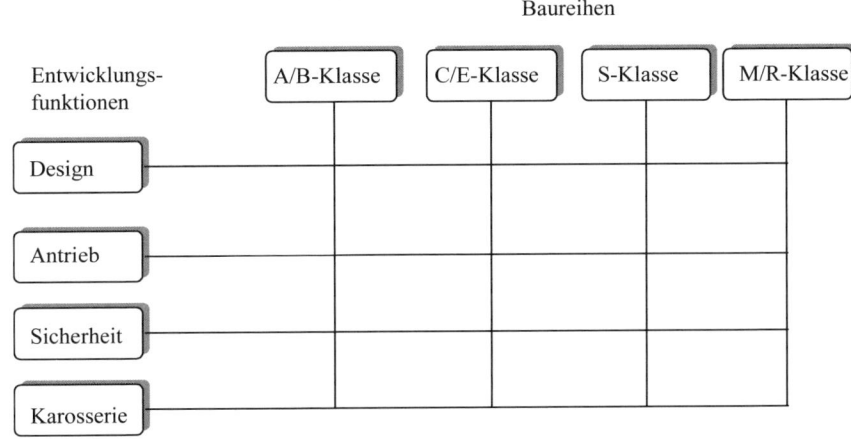

Abb. 41: Matrixorganisation in der PKW-Entwicklung von Mercedes

2.4.1.5   Tensororganisation

Möchte man neben Funktionen und Produkten auch regionale Zuständigkeiten in der Aufbauorganisation abbilden, kann man auf die Tensororganisation zurückgreifen. Es handelt sich dabei um eine drei-, in seltenen Fällen sogar vierdimensionale Organisationsform.

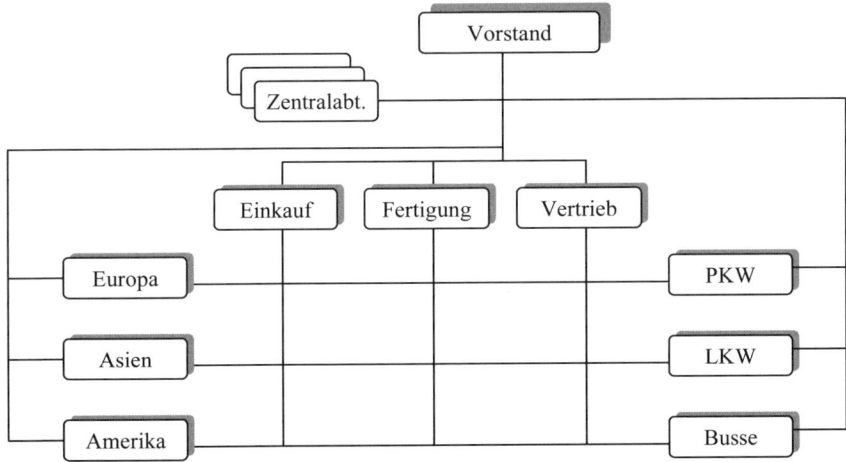

Abb. 42: Tensororganisation

Vorteile	Nachteile
• Starke Marktorientierung • Hohe Spezialisierung • Schnelle und flexible Reaktion auf Änderungen	• Mehrfache Unterstellung der Mitarbeiter (wider-sprechende Weisungen, Belastung) • Gefahr unbefriedigender Kompromisse im Management • Verzögerte Entscheidungen • Aufwendige Koordination • Viele Führungskräfte nötig (Kosten!)

Abb. 43: Vor- und Nachteile der Tensororganisation

Der ABB-Konzern produziert und vertreibt Automatisierungstechnik, Produkte zur Stromübertragung und Stromverteilung, Gebäudetechnik sowie Öl-, Gas- und Petrochemieprodukte. In den letzten Jahren fanden mehrere Änderungen der Aufbauorganisation statt. Im Jahr 1993 richtete man eine Matrixorganisation nach Produkten und Regionen ein, die danach zu einer Tensororganisation ergänzt und verändert wurde. Großprojekte wurden aufgrund ihrer zunehmenden Komplexität als dritte Dimension in die Matrix aufgenommen. Sie beeinflussten in der Folge sowohl die produktorientierte als auch die regionale Dimension.[5]

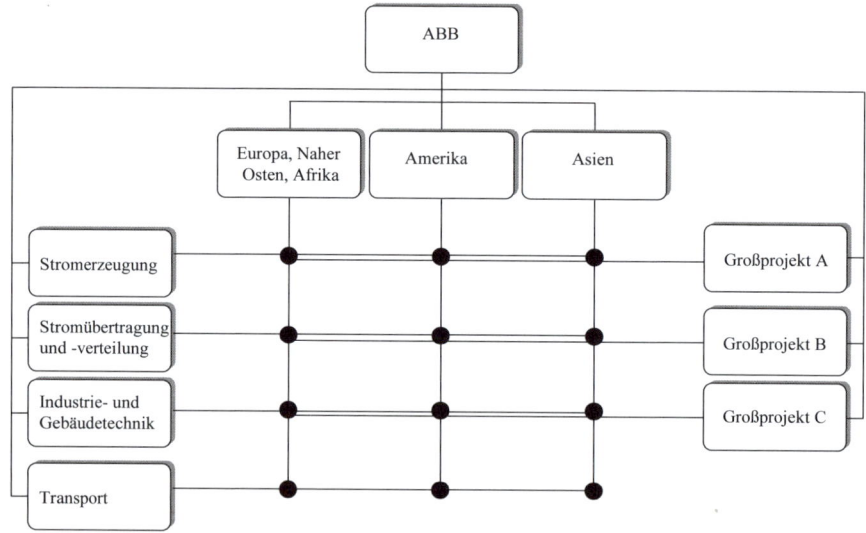

Abb. 44: Dreidimensionale Tensororganisation des ABB-Konzerns

Im Jahr 1998 fand ein weiterer Wechsel zu einer produktorientierten Spartenorganisation statt, die 2001 zu einer kundenorientierten Spartenorganisation geändert wurde.

---

[5] Gewerkschaft Industrie, Gewerbe, Dienstleistungen SMUV (Hrsg.), ABB – Ein Konzern im permanenten Wandel, Bern 2001, S. 8 ff.

2.4.2   Ergänzende Organisationsformen

Die beschriebenen Grundformen der Organisation können um weitere Elemente ergänzt werden. Sie werden gebildet, um spezielle Aufgaben mit besonderen Anforderungen zu erfüllen, die in der grundlegenden Primärorganisation nicht zufriedenstellend erledigt werden können. Die primäre Organisation wird also von einer sekundären Organisation überlagert. Ausgewählte Beispiele sekundärer Organisationsformen von besonderer Bedeutung sollen im Folgenden beschrieben werden. Dabei wird vor allem die projektorientierte Organisation beleuchtet, weil sie für die Praxis die größte Bedeutung hat.

2.4.2.1   Projektorientierte Organisation

Traditionelle Organisationsformen bewältigen Projektaufgaben nur unzureichend. In Einliniensystemen wie der funktionalen Organisation verzögert die mangelnde Zusammenarbeit der Spezialisten die Aufgabenerfüllung. Außerdem fehlt oftmals der Gesamtblick für die Problemstellung. Jeder Bereich sieht nur seinen Ausschnitt (vgl. Abb. 45).

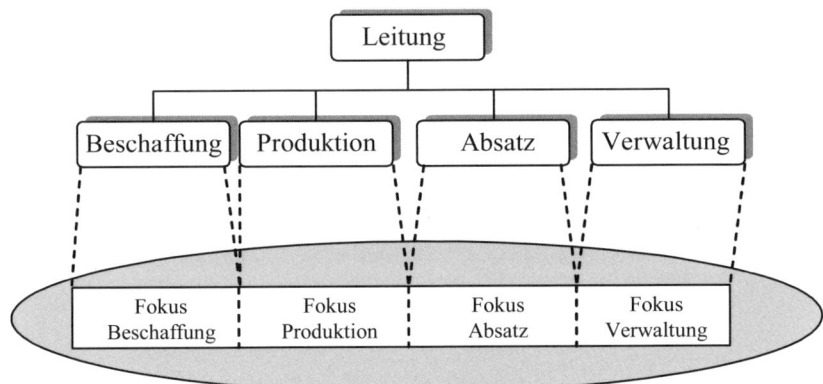

Abb. 45: Eingeschränkter Fokus bei einer traditionellen Organisation

Bei Mehrliniensystemen wie der Matrix- oder Tensororganisation sind die Zuständigkeiten häufig strittig.

Wichtige Projekte erfordern deshalb eine **eigene Projektorganisation**. Möglich sind Stabsprojektorganisation, Matrixprojektorganisation und reine Projektorganisation. In der Praxis existieren weitere Ausprägungen.

2.4.2.1.1   Stabsprojektorganisation

Bei einer Stabsprojektorganisation wird ein Mitarbeiter in Stabsposition mit der Leitung des Projekts beauftragt (meist nebenamtlich). Wichtige Entscheidungen sind übergeordneten Instanzen vorbehalten. Der Projektleiter hat weder disziplinarische noch fachliche Wei-

sungsbefugnis. Er ist Moderator und Koordinator. Die Stabsprojektorganisation wird aufgrund der vergleichsweise geringen Kompetenzen des Projektleiters auch als „Einfluss-
Projektmanagement" (Influenced Project Management) bezeichnet. Die Projektmitarbeiter
verbleiben in ihrer Abteilung.

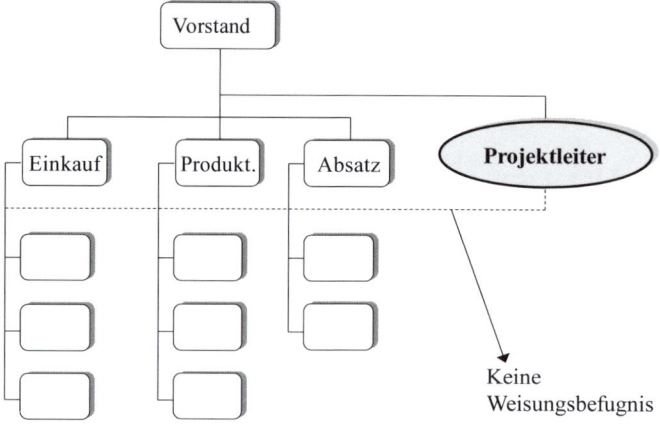

Abb. 46: Stabsprojektorganisation

Vorteile	Nachteile
• Keine organisatorische Umstellung notwendig, da die bestehende Hierarchie lediglich ergänzt wird. • Sehr flexibler Personaleinsatz möglich.	• Entscheidungen dauern lange, da sich die zu-ständigen Linieninstanzen nur am Rande mit dem Projekt beschäftigen. • Niemand fühlt sich voll für das Projekt verant-wortlich. • Mangelnde Akzeptanz in den Fachabteilungen wegen der geringen Kompetenzen des Projekt-leiters.

Abb. 47: Vor- und Nachteile der Stabsprojektorganisation

*Der Geschäftsführer eines Möbelherstellers möchte die wenig aussagefähigen
Papierberichte durch ein modernes Management-Informationssystem ersetzen. Er
erteilt seinem Assistenten den Auftrag, sich um dieses Projekt zu kümmern und in
den nächsten zwölf Monaten die Voraussetzungen für ein geeignetes System zu
klären und es einzuführen. Der Geschäftsführer bittet alle betroffenen Abteilungen
um Mitarbeit und Unterstützung seines Assistenten.*

2.4.2.1.2   Matrixprojektorganisation

Bei einer Matrixprojektorganisation überlagern sich Linien- und Projektorganisation. Die
Kompetenzen des Projektleiters sind stärker als in der Stabsprojektorganisation. Er besitzt
projektbezogene fachliche Weisungsbefugnisse gegenüber den Fachabteilungen. Mitarbeiter

des Projekts unterstehen disziplinarisch ihrem Abteilungsleiter, in Angelegenheiten, die das Projekt betreffen, dem Projektleiter. Der Projektleiter bestimmt grundsätzlich, was wann in Bezug auf das Projekt zu tun ist, der Fachbereichsmanager entscheidet über das „Wie" der Aufgabenerfüllung. Die Mitglieder des Projektteams verbleiben in ihren Abteilungen.

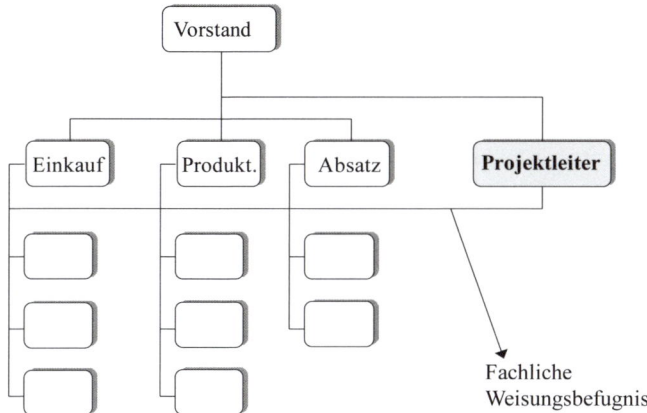

Abb. 48: Matrixprojektorganisation

Vorteile	Nachteile
• Die Projektleitung fühlt sich vollständig für das Projekt verantwortlich. • Ressourcen (Mitarbeiter, Sachmittel) können sehr flexibel eingesetzt werden. • Kurze Informations- und Entscheidungswege.	• Aufgrund der Kompetenzüberschneidung zwischen Linien- und Projektverantwortlichen ist ein hohes Konfliktpotenzial vorhanden. Insbesondere kann die Zuteilung der knappen Fachbereichsressourcen auf Projekt- und Routineaufgaben des Fachbereichs problematisch sein. • Mehrfachunterstellung der Mitarbeiter und parallele Projekt- und Linienarbeit erhöhen die Belastung. • Die Matrixprojektorganisation ist schwieriger als die Stabsprojektorganisation zu realisieren. Vor allem die Kompetenzabgrenzung ist aufwendig.

Abb. 49: Vor- und Nachteile der Matrixprojektorganisation

Ein Unternehmen führt die Module Controlling und Buchhaltung der SAP-Standardsoftware ein. Dafür wird eine Matrixprojektorganisation gebildet. Der Gesamtprojektleiter untersteht direkt dem Vorstand. In diesem Beispiel sind ihm vier Teilprojektleiter zugeordnet. Die Mitarbeiter für die Projektteams werden zeitlich befristet aus den verschiedenen Fachabteilungen rekrutiert. Sie unterstehen während der Projektlaufzeit fachlich dem Projektleiter und disziplinarisch weiterhin ihrem Bereichsleiter. In der Regel arbeiten sie nur zu 60 Prozent ihrer Arbeitszeit an Projektaufgaben. Die restliche Zeit stehen sie ihrer Fachabteilung zur Verfügung.

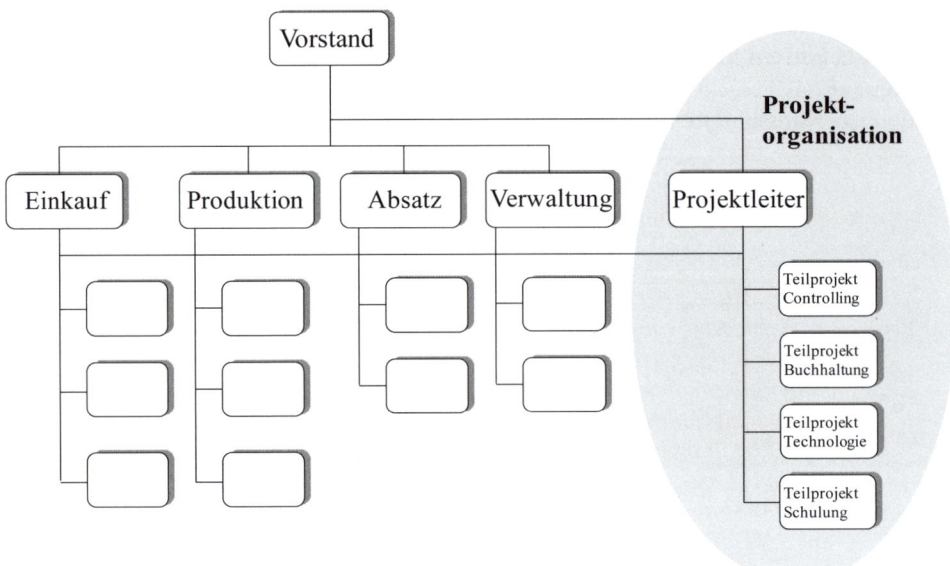

Abb. 50: Matrixprojektorganisation für die Einführung von SAP-Standardsoftware

2.4.2.1.3   Reine Projektorganisation

Bei der reinen Projektorganisation, auch Task Force genannt, werden zusätzliche Organisationseinheiten für die ausschließliche Erfüllung von Projektaufgaben zeitlich befristet gebildet. Der Projektleiter verfügt wie eine Linieninstanz über eigene personelle und sachliche Ressourcen, seine Kompetenz und Verantwortung sind vergleichsweise hoch.

Vorteile	Nachteile
• Schnelle Reaktionsfähigkeit • Starke Identifikation der Projektgruppe mit dem Projekt • Einheitliche Entscheidungen • Wenig Konfliktpotenzial	• Man hat Schwierigkeiten, kompetente Mitarbeiter zu gewinnen, da diese vollständig aus ihrer Abteilung herausgelöst werden. • Die Wiedereingliederung der Mitarbeiter in die Linienorganisation ist problematisch. • Die reine Projektorganisation ist aufwendiger und weniger flexibel als die Matrixprojektorganisation.

Abb. 51: Vor- und Nachteile der reinen Projektorganisation

Die Projektmitarbeiter werden für die Dauer des Projekts aus ihren Fachabteilungen vollständig herausgelöst. Sie unterstehen fachlich und disziplinarisch der Projektleitung. In den Projektteams arbeiten häufig auch externe Berater mit.

Stellt man die Organisationsformen eines Projektes hinsichtlich der **Beeinflussbarkeit von Leistung, Kosten und Terminen** gegenüber, so kann man Folgendes feststellen[6]:

Bei einer Stabsprojektorganisation kann der Projektleiter diese Größen nur unzureichend steuern. Für wichtige Vorhaben wird man deswegen auf die Matrix- oder die reine Projektorganisation zurückgreifen. Die reine Projektorganisation bietet sich immer dann an, wenn die Erzielung einer größtmöglichen Leistung noch wichtiger als Kostenaspekte ist.

Die veralteten Großrechnersysteme der deutschen Finanzämter sollten durch eine moderne und vor allem bundesweit einheitliche Software abgelöst werden. Für die Entwicklung wurde die reine Projektorganisation in Form einer rechtlich eigenständigen Projektgesellschaft gewählt. Man gründete die Fiscus GmbH. Trotz der starken Projektorganisation wurden die Ziele jedoch verfehlt. Zeitweise waren bis zu 300 Mitarbeiter im Einsatz, das Budget wurde weit überzogen und die geforderte Leistung nicht erreicht. Es liefen nur zwei Programmteile. Dafür wurden 50.000 Seiten Dokumentation und 1,6 Millionen Zeilen Programmcode generiert. Im September 2005 beschloss man die Auflösung der Fiscus GmbH.[7] Das Beispiel zeigt, dass trotz einer schlagkräftigen Projektorganisation Projekte scheitern können. In diesem Fall spielten die unterschiedlichen Anforderungen und Erwartungen der Länder eine wichtige Rolle.

2.4.2.2   Kundenmanagement

Durch Kundenmanagement wird die meist regionale Organisation des Verkaufs durch eine kundenorientierte Organisation überlagert. Dafür werden Kundenmanager, sogenannte Key Account Manager installiert, die sich auf ausgewählte wichtige Kunden konzentrieren. Der Kunde soll einen Ansprechpartner haben, der seine Wünsche schnell und flexibel befriedigt. Der Kundenmanager kann als Stab dem Vertriebsleiter zugeordnet oder in der Linie innerhalb des Vertriebs angeordnet sein. Den größten Einfluss hat der Kundenmanager jedoch in einer Matrixorganisation. Er besitzt hier fachliche Weisungsbefugnis in allen Belangen, die mit seinen Kunden zusammenhängen. Ein Beispiel dafür ist die Gestamp Automoción, eine spanische Unternehmensgruppe mit Hauptsitz in Madrid.

Gestamp Automoción hat seine Organisationsstruktur auf seine internationalen Kunden ausgerichtet. Die Kundenmanager in den regionalen Divisionen betreuen die Kunden vor Ort. Produktbezogene Business Units koordinieren die Standorte untereinander, fungieren als Schnittstellen zwischen den regional aufgestellten Standorten der Divisionen und den weltweiten Kunden und entwickeln neue Produkte.[8]

---

6   Madauss, B., Handbuch Projektmanagement, 3. Aufl., Stuttgart 1990, S. 105.
7   O.V., Die Zeit, Nr. 30, 15. Juli 2004, S. 25.
8   http://www.gestamp-umformtechnik.de (8/2013).

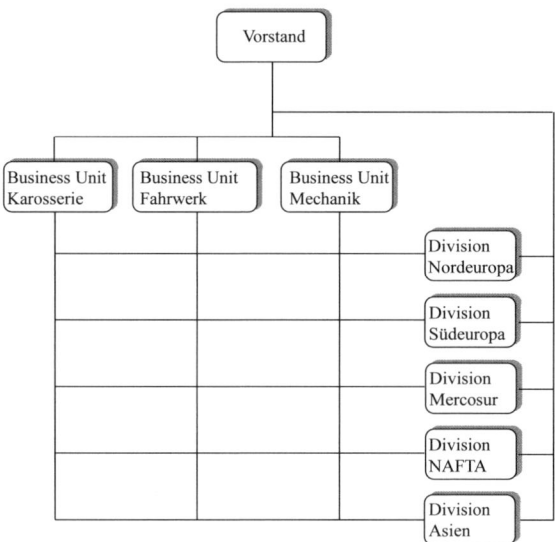

Abb. 52: Matrixorganisation der Gestamp Automoción Group

2.4.2.3   Produktmanagement

Im Produktmanagement existieren Produktmanager, die einzelne Produkte betreuen und dafür verantwortlich sind. Das Produktmanagement ist 1927 bei Proctor & Gamble sehr erfolgreich eingeführt worden. Ein Mitarbeiter wurde damals für die zunächst erfolglose Seife Camay verantwortlich gemacht. Das Produkt konnte in der Folge sehr gut vermarktet werden, sodass Procter & Gamble Produktmanager unternehmensweit einsetzte. Das Produktmanagement findet man auch heute noch vorwiegend bei Herstellern von Konsumgütern, da deren Markenartikel ein intensives Marketing erfordern.

Der Produktmanager kann als Stab der Unternehmens- oder Marketingleitung zugeordnet sein. Alternativ wird er auch in der Linie angeordnet. Dort wurde das Produktmanagement zunächst als Teil der Entwicklung, später dann auch innerhalb des Marketings realisiert. Mittlerweile findet man diese Funktion auch als eigenständigen Bereich der zweiten Managementebene. Eher selten ist der Produktmanager Teil einer Matrixorganisation. Er besitzt hier fachliche Weisungsbefugnis in allen Belangen, die mit seinen Produkten zusammenhängen.

2.4.2.4 Prozessorientierte Organisation

Bei einer reinen Prozessorganisation wird die vorhandene funktionale oder divisionale Organisation durch eine prozessorientierte Gliederung ersetzt. Die Kernprozesse werden durch organisatorisch selbstständige Einheiten repräsentiert. Diese extreme Prozessorganisation ist kaum anzutreffen. Vielmehr wird eine vorhandene Primärorganisation durch Prozesszuständigkeiten überlagert. Erhalten die Prozessmanager fachliche Weisungsbefugnisse für ihre Prozesse, entsteht eine prozessorientierte Matrixorganisation. Prozessmanager sind hier für ihre Prozesse funktionsübergreifend zuständig. Die funktionalen Abteilungen müssen sich mit den Prozessmanagern abstimmen.

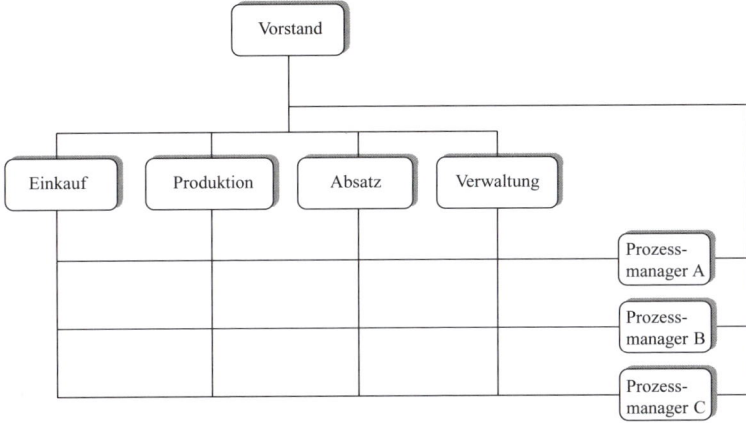

Abb. 53: Prozessorientierten Matrixorganisation

2.4.3 Teamorientierte Organisation

Teams werden mittlerweile in vielen Unternehmen geschaffen, um in Teilbereichen besonders komplexe Aufgaben zu erfüllen. Häufig ergänzen Teams die bestehende Organisation auf Dauer. Dadurch kann man die Vorteile einer standardisierten Organisation mit der Flexibilität der Teams verbinden.

Die reine Teamorganisation, bei der auf allen Organisationsebenen die Singular- durch Pluralinstanzen ersetzt werden, konnte dagegen bisher keine praktische Bedeutung erlangen. In der Literatur werden unterschiedliche Formen reiner Teamorganisation diskutiert. An dieser Stelle soll das bekannte Modell überlappender Gruppen von Likert vorgestellt werden (vgl. Abb. 54).[9]

---

[9] Likert, R., The Human Organization: Its Management and Value, New York, St. Louis 1967.

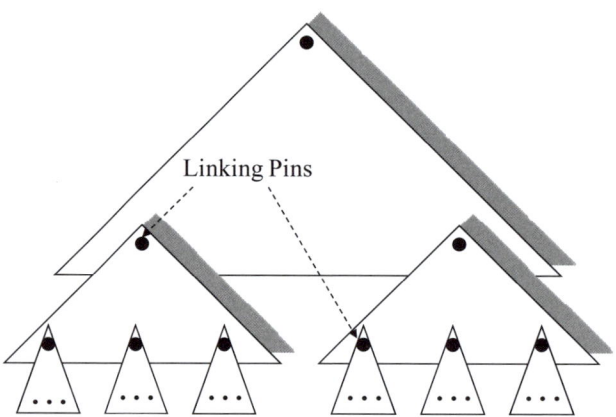

Abb. 54: System überlappender Gruppen

Wie die Abbildung verdeutlicht, wird das Unternehmen ausschließlich durch Gruppen gelei-
tet. Eine besondere Rolle haben die sogenannten Linking Pins. Das sind Mitarbeiter, deren
Hauptaufgabe die Koordinierung der gruppenübergreifenden Zusammenarbeit ist. Dadurch
nehmen sie einerseits Führungsaufgaben wahr, andererseits sind sie gleichberechtigte Mitglieder innerhalb ihrer Gruppe.

Vorteile	Nachteile
• Hohe Motivation der Mitarbeiter	• Langsame Entscheidungsfindung
• Geringe Fluktuation	• Fehlen einer eindeutigen Kompetenzzuordnung
• Niedrige Abwesenheitsrate	• Für Routinearbeit nicht effizient
• Hohe Qualität	

Abb. 55: Vor- und Nachteile der reinen Teamorganisation

B
D

*Die Rasselstein GmbH gehört zu den drei größten Weißblechlieferanten in Euro-
pa. Das Unternehmen beschäftigt 2.400 Mitarbeiter und erzielte im Geschäftsjahr
2007/08 einen Umsatz von 1,2 Milliarden Euro.*

*Produziert wird in dezentral organisierten Teams mit teilautonomer Gruppen-
arbeit. Die Teams umfassen dabei zwischen 40 und 370 Personen. Die Hierarchie
ist sehr flach (vgl. Abb. Abb. 56). Dadurch sind die Kommunikationswege kurz.*[10]

Für die Teamarbeit wurden verschiedene Rollen definiert:

- *Koordinatoren kümmern sich schicht- und anlagenübergreifend um den rei-
  bungslosen Ablauf der Produktion.*

-

---

[10]   Krämer, K. H., Geyermann, A., Gruppenarbeit in einer teamorientierten Unternehmenskultur, in: Jöns, I.
      (Hrsg.), Erfolgreiche Gruppenarbeit. Konzepte, Instrumente, Erfahrungen. Wiesbaden 2008, S. 227–233.

- *Teamleiter sind als direkte Vorgesetzte der Schichtkoordinatoren gesamtverantwortlich.*
- *Schichtkoordinatoren sind die disziplinarischen Vorgesetzten der Mitarbeiter einer Schicht.*
- *Mitarbeiter an den Anlagen verantworten Produktion und Qualität. Auch kleine Störungen der Maschinen werden beseitigt. Experten sorgen dafür, dass die Maschinen verfügbar sind und optimal eingesetzt werden können.*

Die Teamorganisation umfasst mittlerweile neben der Produktion auch alle anderen Unternehmensbereiche (z. B. Vertrieb oder Rechnungswesen)

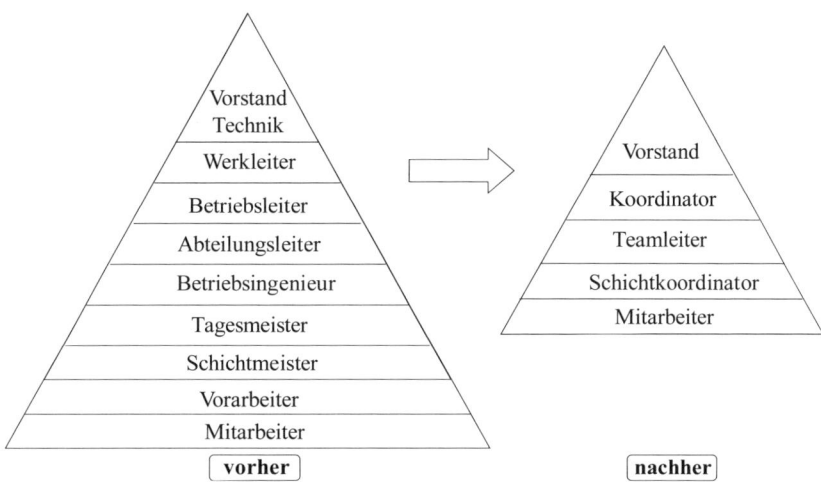

Abb. 56: Veränderung der Hierarchie bei der Rasselstein GmbH

Bei der Unternehmensberatung partake gibt es keine Vorgesetzten und Untergebenen. In welchem Projekt jemand arbeitet, bestimmt jeder selbst. Auch ob man sich in Teilzeit oder Vollzeit einbringt und welche Rolle man übernimmt (temporäre Führungskraft oder einfaches Teammitglied), ist jedem Mitarbeiter überlassen. Seit der Abschaffung der starren Hierarchie ist der Umsatz um 20 Prozent gestiegen.

Auch der Textilhersteller W.L.Gore ist hierarchiefrei. Die Mitarbeiter bestimmen selbst, wer die Führung übernimmt. Bei Gore ist man überzeugt, dass dies der Grund für die Innovationen des Unternehmens sei.[11]

---

[11] O. V., Weg mit dem Chef! Die Zeit, Nr. 14, 27. März 2013, S. 69 f.

2.4.4   Fallbeispiele

Die beiden folgenden Beispiele verdeutlichen, wie sich die Aufbauorganisation großer Unternehmen im Laufe der Zeit geänderten Anforderungen anpasst. Es wird noch mal die Aussage aus Kap. 1 bestätigt: Entscheidend für den Erfolg eines Unternehmens ist das richtige Verhältnis von Organisation, Improvisation und Disposition zu finden.

2.4.4.1   Daimler Benz AG

Abb. 57 zeigt die funktionale Organisation der Daimler Benz AG bis 1987[12]. Unterhalb des Vorstandsbereichs, der die Gesamtverantwortung für die betrieblichen Funktionen besaß, waren die Geschäftsbereiche Personenkraftwagen und Nutzfahrzeuge angesiedelt. Die vorhandenen Ressourcen konnten sehr gut genutzt werden. Außerdem war durch die zentralistische Struktur eine einheitliche Geschäftspolitik gewährleistet. Nachteilig wirkte sich die hohe Arbeitsteilung aus. Sie erzeugte einen beträchtlichen Koordinationsaufwand. Mit der zunehmenden Diversifikation und einem wachsenden Auslandsgeschäft wurde es notwendig, die Organisationsform anzupassen. Ab 1987 galt eine Mischform aus divisionaler und funktionaler Organisation. Zusätzlich zu den bisherigen Funktionen wurden die Tochtergesellschaften MTU, AEG und Dornier sowie die Geschäftsbereiche Personenkraftwagen und Nutzfahrzeuge in die Konzernführung integriert.

Es entfielen die Funktionen Produktion und Beteiligungen, für die nun die Geschäftsbereiche selbst weltweit verantwortlich waren. Große Bedeutung besaß der neu gebildete Struktur- und Synergieausschuss, dem die Geschäftsbereichsleiter und die funktionsverantwortlichen Vorstände angehörten. Er sollte das Zusammenwachsen des Konzerns fördern. Organisatorisch war dieser Ausschuss dem Funktionsbereich Betriebswirtschaft zugeordnet.

Vorteile der neuen divisional ausgerichteten Organisation waren eine höhere Anpassungsfähigkeit und Marktnähe. Dies war insbesondere im Marktsegment PKW erforderlich, da der damalige Automobilmarkt eine stark differenzierte Bearbeitung erforderte. Darüber hinaus wurde der Vorstand durch die größere Eigenverantwortung der nachgelagerten Bereiche vom operativen Geschäft entlastet. Allerdings gab es durch die Dezentralisierung der Entscheidungsbefugnisse auch Probleme. Beispielsweise gaben die Direktoren der Geschäftsbereiche dem Vertrieb Strategien und Ziele vor und beschnitten damit die Kompetenzen des Vorstandsressorts Vertrieb. Aufgrund der erheblichen Kompetenzüberschneidungen mit den Konzernvorständen sprach man auch von „schwarzen" Direktoren bei Daimler Benz. Eine Konsequenz war z. B. das Ausscheiden des damaligen Vertriebsvorstands. Ein weiteres Problem war die dominierende Stellung des PKW-Bereichs.

---

[12]   Bauer, C., Nowak, T., Organisatorische Entwicklung von Daimler Benz, zfo (1991) 2, S. 93 ff.

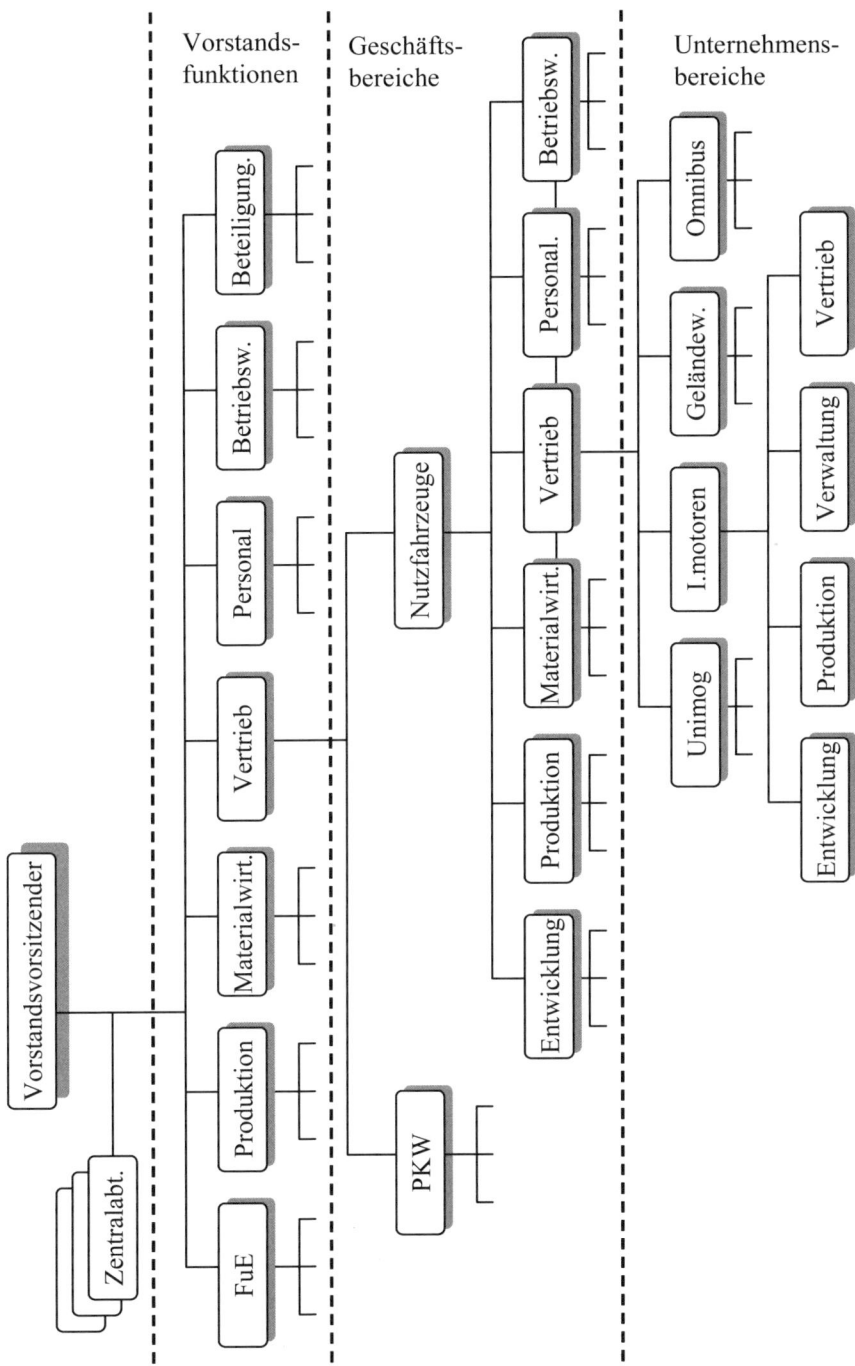

Abb. 57: Aufbauorganisation der Daimler Benz AG bis 1987

Die Schwierigkeiten führten dazu, dass eine schnelle Reaktion auf Marktänderungen behindert wurde. Mit der Zeit wurden die Grenzen der sehr zentralistisch ausgeprägten Geschäftsbereichsorganisation deutlich. Die Reaktionsgeschwindigkeit reichte nicht, um den Erfordernissen in dynamischen Märken gerecht zu werden. Man entschloss sich, die Organisation in Form einer Management-Holding[13] weiter zu dezentralisieren. Es entstanden vier Geschäftssäulen (vgl. Abb. 58).

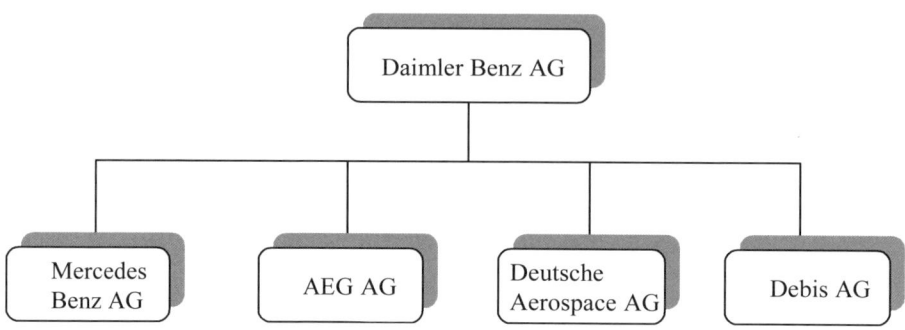

Abb. 58: Holding-Organisation der Daimler Benz AG bis 1997

In der Mercedes Benz AG wurden die ehemaligen Geschäftsbereiche Personenkraftwagen und Nutzfahrzeuge zusammengeführt. Die Deutsche Aerospace umfasste die Tochterunternehmen MTU, Dornier und MBB. Die Daimler Benz AG blieb ohne eigene Produktionsstätten als Holding-Dach bestehen. Sie bestimmte bis zur Umorganisation 1997 als Management-Holding die strategische Ausrichtung bezüglich der Produkte und Märkte, legte gemeinsam zu nutzende Ressourcen fest (z. B. ein zentrales Ressort Forschung und Entwicklung) und richtete Kontroll- und Koordinationsmechanismen in Form von zentralen Bereichen ein. Ansonsten waren die Tochtergesellschaften rechtlich und organisatorisch verselbstständigt. Die Holding-Zentrale musste sicherstellen, dass die Aktivitäten der Tochterunternehmen mit der Konzernstrategie übereinstimmen. Durch die personellen Verflechtungen im Daimler Benz Konzern war dies jedoch nicht gewährleistet. Weil die Vorstände der Tochterunternehmen gleichzeitig im Vorstand der Holding saßen, kontrollierten sie sich quasi selbst.

Weitere organisatorische Änderungen nach 1997 hatten zum Ziel, die Flexibilität und Reaktionsgeschwindigkeit des Konzerns zu verbessern, die Ein- und Ausgliederung von Teilkonzernen und Tochtergesellschaften zu erleichtern und durch die Dezentralisation von Entscheidungen und den Abbau von Hierarchieebenen die Motivation der Mitarbeiter zu erhöhen. Die inzwischen zurückgenommene Fusion mit Chrysler zur DaimlerChrysler AG sollte zudem die Wettbewerbsfähigkeit vor allem im asiatischen Wirtschaftsraum stärken und weitere Synergieeffekte bringen. Aktuell ist die Daimler AG als Matrixorganisation aufgestellt und in fünf Geschäftsfelder und fünf Funktionalressorts gegliedert (vgl. Abb. 59).

---

[13] Neben der Management-Holding gibt es eine weitere Möglichkeit, einen Konzern zu steuern. So führt beispielsweise die Allianz AG eine Vielzahl von Beteiligungsgesellschaften anhand weniger Kennzahlen. Sie mischt sich kaum in die strategische Ausrichtung ein. Man bezeichnet dies auch als Finanz-Holding.

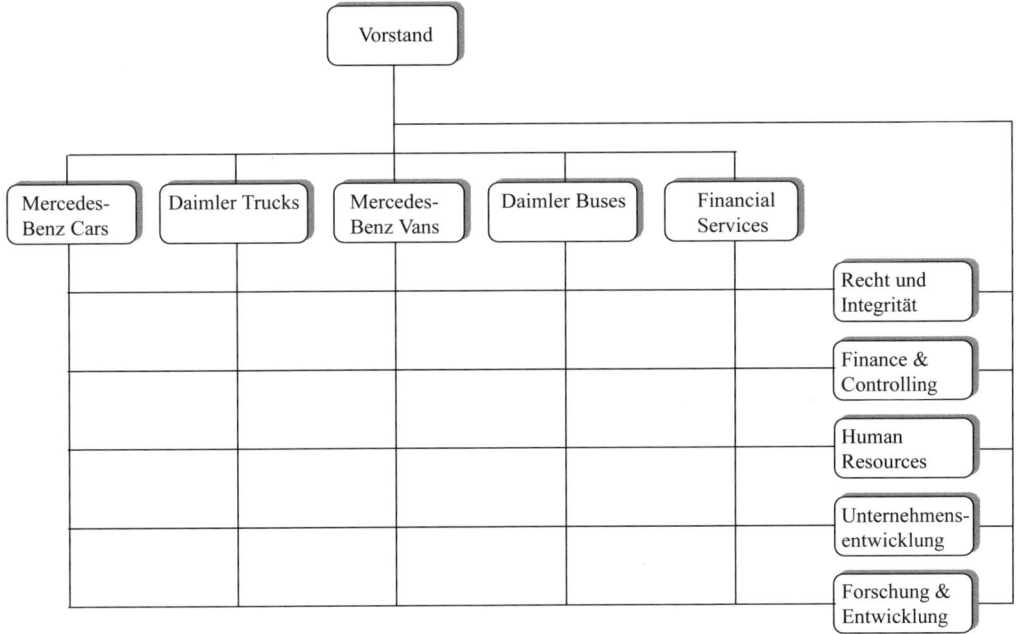

Abb. 59: Matrixorganisation der Daimler AG 2013

2.4.4.2   Siemens AG

Die **Siemens AG** hat für ihre Geschäftsbereiche keine rechtliche Selbstständigkeit geschaffen. Die Entwicklung dieses als Stammhauskonzern bezeichneten Unternehmens verdeutlicht, wie in einem wachsenden Unternehmen in Abhängigkeit der Markterfordernisse und der Umweltkomplexität unterschiedliche Organisationsformen notwendig werden (vgl. Abb. 60)[14].

[14] Bronder, C., Entwicklung der Organisationsstruktur bei Siemens, zfo (1991) 5, S. 318 ff.

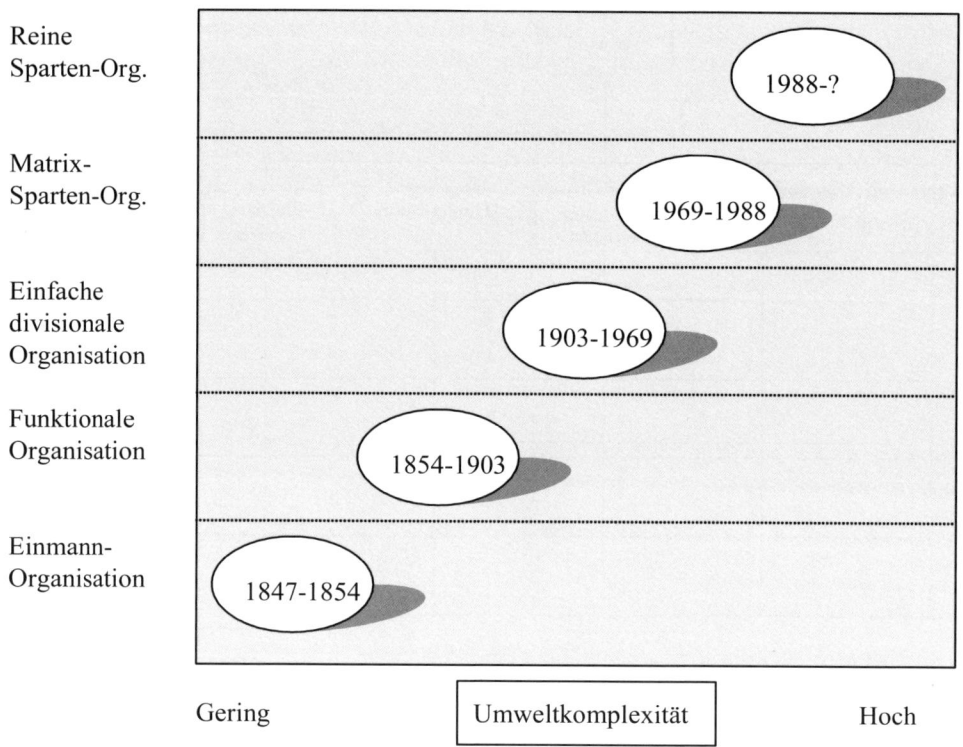

Abb. 60: Entwicklung der Aufbauorganisation bei Siemens

Siemens wurde als Einzelunternehmen 1847 gegründet. Sämtliche Entscheidungen trafen die Eigentümer Siemens und Halske. Als Siemens 1854 einen großen Auftrag zum Aufbau des Telegrafennetzes in Russland erhielt, entschloss man sich zur Einführung einer funktionalen Organisation (vgl. Abb. 61). Die operativen Entscheidungen wurden dezentralisiert und einer zweiten Hierarchieebene übertragen.

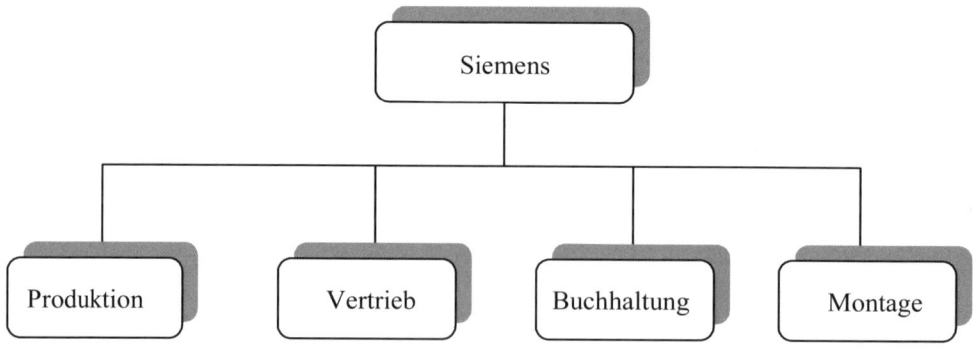

Abb. 61: Funktionale Organisation bei Siemens bis 1903

Zu Beginn des 20. Jahrhunderts wurden zahlreiche neue Produkte entwickelt. Außerdem beteiligte sich Siemens mehrheitlich an den Schukert-Werken. Siemens legte die eigenen Starkstromprodukte mit denen der Schukert-Werke zusammen. Damit kristallisierte sich eine Trennung in Stark- und Schwachstrom heraus. Zusätzlich wurde 1924 der Medizintechnikbereich durch Zukauf der Reiniger, Gebbert & Schall AG aufgebaut. Der zunehmende Wettbewerb und die mittlerweile beträchtliche Größe des Unternehmens führten schließlich zu einer einfachen **divisionalen Struktur** (vgl. Abb. 62).

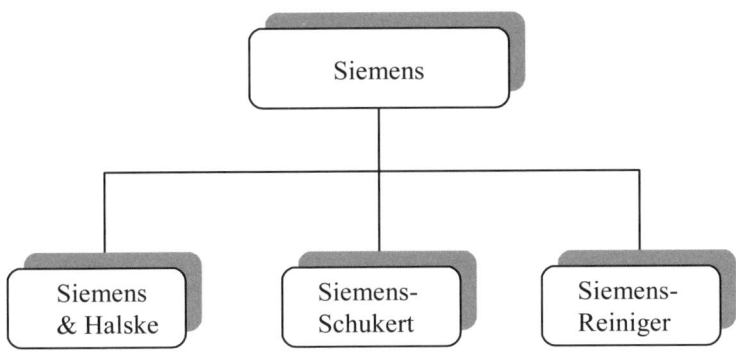

Abb. 62: Einfache divisionale Organisation von Siemens um 1926

Bereits damals wurden einige Abteilungen als Profit Center geführt. Sie mussten eine eigene Erfolgsrechnung aufstellen.

Im Jahre 1969 folgte eine weitere Reorganisation. Mittlerweile war das Unternehmen beträchtlich gewachsen, hatte eine sehr heterogene Produktpalette und ehrgeizige Umsatzziele. Man installierte sechs **Unternehmensbereiche** (vgl. Abb. 63), die sich wiederum in Geschäftsbereiche gliederten. Die Zentralbereiche, insbesondere der Vertrieb, waren sehr mächtig. Sie hatten eine bedeutende Richtlinienkompetenz. Durch die Überlagerung der divisionalen Organisation mit den Befugnissen der Zentralbereiche entstanden matrixhafte Bezüge. Deswegen kann man auch von einer Matrix-Spartenorganisation sprechen.

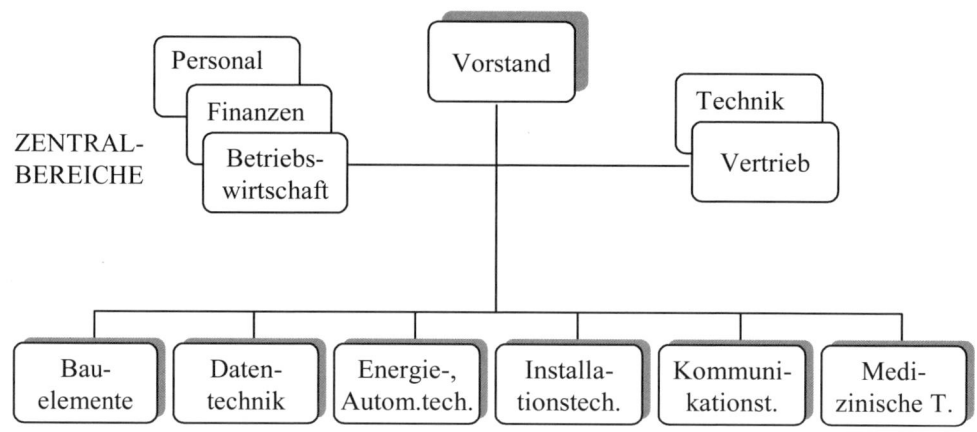

UNTERNEHMENSBEREICHE

Abb. 63: Matrix-Spartenorganisation von Siemens 1983

Die Globalisierung des Geschäfts, der starke Innovationsdruck und steigender Wettbewerb zwangen Siemens 1988 zu einer weiteren Anpassung der Aufbauorganisation. Da einzelne Unternehmensbereiche mittlerweile über 5 Milliarden Euro Umsatz erreichten, war eine stärkere Dezentralisierung notwendig. Vor allem die langen Entscheidungswege zwischen den Zentralbereichen und den Unternehmensbereichen waren hinderlich für das Geschäft. Die zuvor von den Zentralbereichen stark abhängigen Unternehmensbereiche wurden nun in 15 autonome Geschäftsbereiche, zwei Geschäftsgebiete und zwei Bereiche mit eigener Rechtsform gegliedert. Die Befugnisse der Zentralbereiche wurden massiv reduziert. Alle wichtigen Entscheidungen konnten vom ergebnisverantwortlichen Spartenmanagement getroffen werden. Die 2007 gültige Organisation wird in Abb. 64 gezeigt.[15] Aktuell gliedert sich die Siemens AG in die drei Sektoren Healthcare, Energy, Industry und Infrastructure & Cities (vgl. Abb. 65). Jeder Sektor umfasst Divisionen. So sind im Sektor Industry drei Divisionen zusammengefasst.

---

[15] Siemens AG (Hrsg.), Geschäftsbericht 2006, S. 273 f.

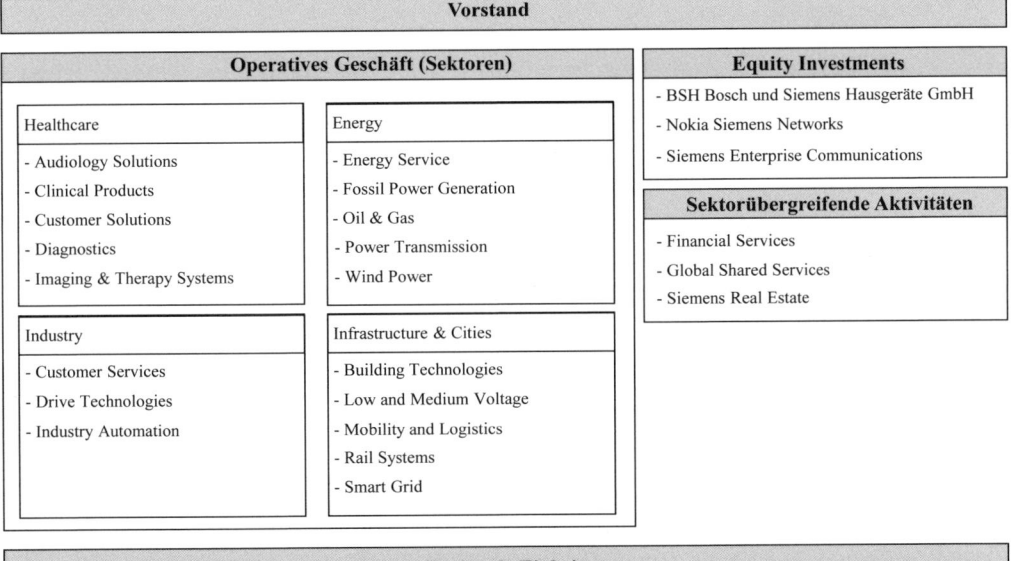

Abb. 64: Spartenorganisation von Siemens 2007

Abb. 65: Spartenorganisation von Siemens 2013

Ihr Lernerfolg für Kap. 2.4

Die Aufbauorganisation eines Unternehmens kann grundsätzlich als **Ein- und Mehrliniensystemen** gestaltet sein. Im Einliniensystem erhält eine Stelle nur von einer übergeordneten Instanz Weisungen. Eine Sonderform des Einliniensystems ist das **Stabliniensystem**. Zusätzliche Stäbe unterstützen die Instanzen bei deren Aufgabenerfüllung. Bei **Mehrliniensystemen** wird der Grundsatz der Einheitlichkeit der Aufgabenerteilung aufgehoben. Eine Stelle kann Anordnungen von mehreren übergeordneten Instanzen erhalten.

Bei der **funktionalen** oder verrichtungsorientierten **Organisation** ist die zweite Hierarchieebene nach Verrichtungen gegliedert.

Die **divisionale Organisation**, auch Spartenorganisation oder objektorientierte Organisation genannt, ist auf der zweiten Hierarchieebene nach Objekten strukturiert. Objekte können Sparten, Kundengruppen oder regionale Einheiten sein. Die Sparten sind als Cost Center, Profit Center oder Investment Center ausgestaltet.

Bei der **Matrixorganisation** überlagern sich zwei Organisationsstrukturen. Diese Organisationsform zählt deswegen zu den Mehrliniensystemen.

Die **Tensororganisation** ist eine drei-, in seltenen Fällen sogar vierdimensionale Organisationsform. Neben Funktionen und Produkten werden auch regionale Zuständigkeiten abgebildet.

Traditionelle Organisationsformen bewältigen Projektaufgaben nur unzureichend. Deswegen richtet man für die Abwicklung von Projekten eine eigene Organisation ein. Möglich sind Stabsprojektorganisation, Matrixprojektorganisation und reine Projektorganisation.

Bei einer **Stabsprojektorganisation** wird ein Mitarbeiter in Stabsposition meist nebenamtlich mit der Leitung des Projekts beauftragt.

Dem Projektleiter unterstehen in einer **Matrixprojektorganisation** die Mitarbeiter des Projektteams wohl fachlich, die disziplinarische Weisungsbefugnis bleibt jedoch bei den Abteilungsleitern.

Die **reine Projektorganisation** ist dadurch gekennzeichnet, dass die Projektmitarbeiter für die Dauer des Projekts aus ihren Fachabteilungen vollständig herausgelöst werden. Sie unterstehen fachlich und disziplinarisch der Projektleitung.

Bei einer **teamorientierten Organisation** ergänzen Teams die bestehende Organisation auf Dauer. Reine Teamorganisationsformen wie das System überlappender Gruppen, bei der auf allen Organisationsebenen die Singular- durch Pluralinstanzen ersetzt werden, konnten dagegen bisher keine praktische Bedeutung erlangen.

Ein **virtuelles Unternehmen** besteht aus einem Netzwerk von Beziehungen eigenständiger Unternehmen.

Aufgaben für Kap. 2.4

19. Die Rad AG stellt drei verschiedene Erzeugnisgruppen her: Dreiräder für Kleinkinder, Rennräder und Motorräder. Durch die stärker werdende Konkurrenz sind seit Kurzem stagnierende Umsätze und sinkende Gewinne zu verzeichnen. Die Verantwortung für diese Entwicklung wird zwischen den einzelnen Funktionsbereichen hin und her geschoben. Der Vorstandsvorsitzende Dr. Kiesel ist nicht länger bereit, sich diese Kompetenz- und Verantwortungsschieberei mit anzusehen, und beauftragt seinen Assistenten Karl Schneider mit der Entwicklung eines neuen Organisationskonzepts, wobei klare Kompetenzen und Verantwortungsbereiche bezüglich der Erzeugnisgruppen bestehen sollen. Die Vorteile der funktionalen Organisation, wie gemeinsame Verwertung der Ergebnisse der Forschungs- und Entwicklungsabteilung (FuE), sollen bei der Reorganisation nicht verloren gehen. Abb. 66 zeigt die derzeitige Aufbauorganisation der Rad AG. Verändern Sie die bestehende Organisation so, dass sie die geforderten Ansprüche erfüllt, und erläutern Sie Ihren Lösungsvorschlag.

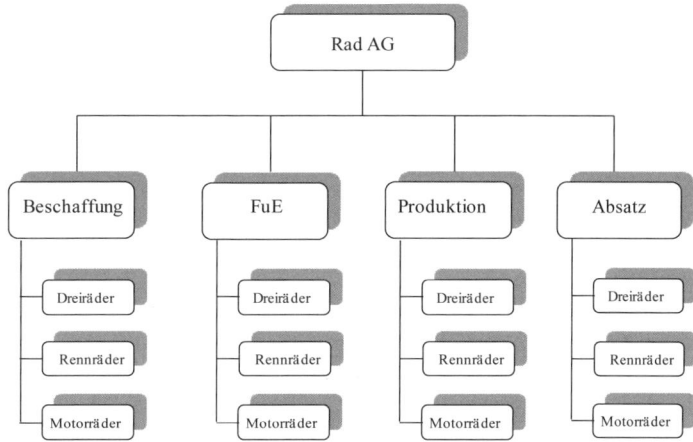

Abb. 66: Aufbauorganisation der Rad AG

20. Erläutern Sie Einlinien-, Mehrlinien- und Stabliniensystem.
21. Worin unterscheiden sich Profit Center, Cost Center und Investment Center?
22. Die Geschäftsführung der Rad AG beauftragt Sie als Projektleiter mit der Einführung einer neuen Software für das gesamte Rechnungswesen und den Vertrieb. Der Leiter des Vertriebs steht allen Neuerungen skeptisch gegenüber. Er hält das neue Projekt für Zeit- und Geldverschwendung. Zudem ist Ihnen bekannt, dass in den letzten beiden Jahren in größerem Umfang Personal abgebaut wurde, um Kosten zu sparen. Dies führte dazu, dass vor allem die Abteilungen IT und Rechnungswesen mit Arbeit überlastet sind.
Welche Projektorganisation würden Sie empfehlen? Begründen Sie dies und beschreiben Sie die wesentlichen Merkmale dieser Organisationsform!

3   Ablauf- und Prozessorganisation

Die für den globalen Wettbewerb geforderten Produktivitätsfortschritte und Kostensenkungen sind nur durch den Verzicht auf eine funktions- und abteilungsspezifische Sichtweise realisierbar. Im Mittelpunkt aller Optimierungsmaßnahmen muss der Prozess stehen.

Unter einem **Prozess** versteht man eine Folge einzelner Vorgänge, die in einem logischen Zusammenhang stehen. Prozesse ziehen sich quer durch das Unternehmen und haben eindeutige Kunden- und Lieferantenbeziehungen. Ein wichtiger Prozess ist z. B. die Abwicklung eines Kundenauftrags.

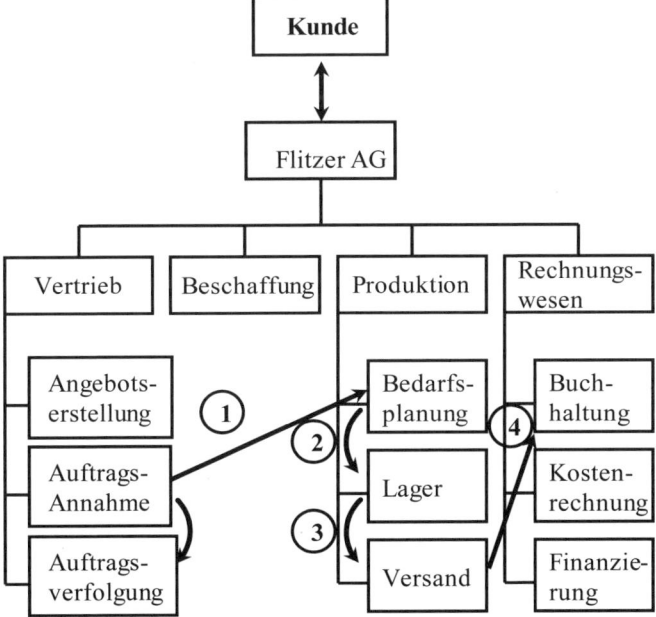

Abb. 67: Prozess Auftragsbearbeitung

Weitere Beispiele für Prozesse sind Entwicklungs- und Einkaufsprozesse oder die Bearbeitung von Reklamationen.

Eine mögliche Einteilung von Prozessen ist die in Führungs-, Leistungs- und Unterstüt-zungsprozesse.[16]

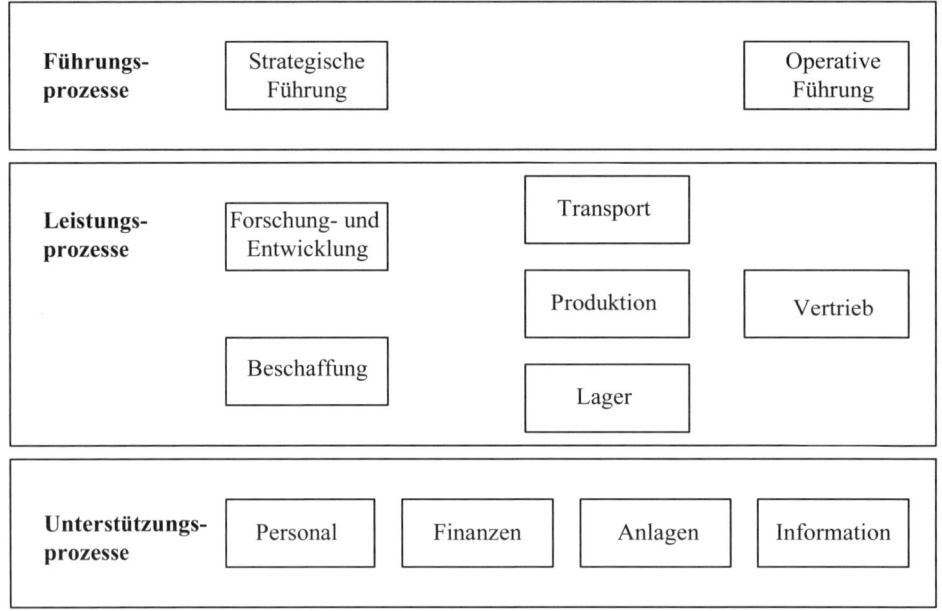

Abb. 68: Prozesstypen

Leistungs- oder Kernprozesse sind Voraussetzung, damit ein Unternehmen eine besondere Leistung erbringen kann, durch die es sich von den Wettbewerbern abgrenzt. Unterstüt-zungsprozesse sind weniger bedeutsam, um am Markt zu bestehen.

3.1 Unterscheidung zwischen prozessorientierter und traditioneller Organisation

Bei der **traditionellen Organisationsgestaltung** wurde erst die Aufbauorganisation festge-legt. Dafür richtete man, ausgehend von einer Aufgabenanalyse, Stellen und Abteilungen ein. Anschließend wurden Abläufe konzipiert. Im Unterschied zum Prozess beschränkt sich der Ablauf oft auf einen Arbeitsplatz. Das Optimierungspotenzial bei der isolierten Betrachtung von arbeitsplatzbezogenen Abläufen war deswegen im Vergleich zur Prozessgestaltung sehr beschränkt.

---

[16]   Österle, H., Business Engineering – Prozeß- und Systementwicklung, Band 1, 2. Aufl., Berlin u. a. 1995, S. 131.

Bei **prozessorientierten Organisationsvorhaben** gestaltet man Abläufe und Prozesse vor der Stellenbildung (vgl. Abb. 69). Das verdeutlicht auch der Ausspruch „structure follows process follows strategy". Die Aufbauorganisation orientiert sich an den Erfordernissen der vorhandenen Prozesse, die wiederum von der Strategie des Unternehmens abhängen.

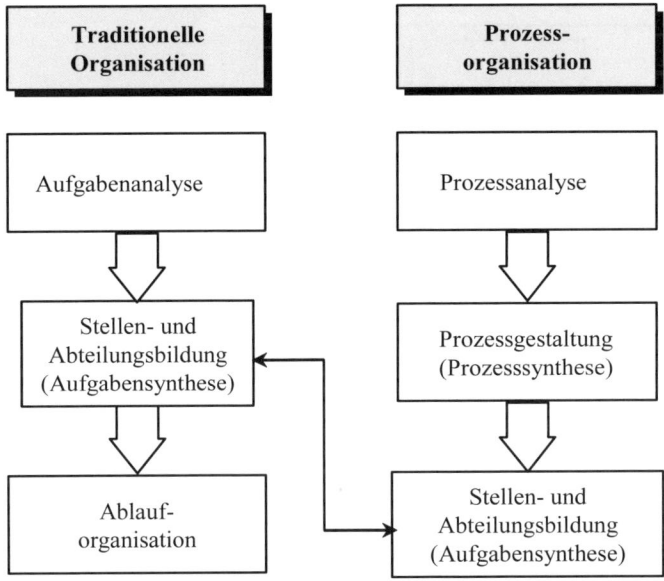

Abb. 69: Vorgehensweisen bei der Organisationsgestaltung

Bekannt wurde die prozessorientierte Organisation durch die Veröffentlichung von Hammer und Champy zum Thema Business Reengineering[17]. Die Autoren postulieren darin eine radikale prozessorientierte Umgestaltung der Organisation mit dem Ziel, gewaltige Steigerungen der Effizienz zu erreichen. Sie gingen davon aus, dass man die Kosten zwischen 30 und 60 Prozent senken, die Durchlaufzeiten zwischen 60 und 80 Prozent verkürzen und die Produktivität bis zu 100 Prozent steigern könnte.

Es ist zu beachten, dass vielfältige Wechselwirkungen zwischen Aufbau- und Ablauforganisation bzw. der Prozessgestaltung bestehen. Verfolgt z. B. ein Unternehmen das Ziel, Stellen abzubauen, so sind davon zwangsläufig auch die Prozesse betroffen. Umgekehrt werden bei einer Automatisierung von Routineaufgaben in einem Prozess Aufgaben und damit Stellen überflüssig. Die Gestaltung von Prozessen führt häufig auch zu mehr Teamorganisation und damit zu einer Auflösung herkömmlicher funktionaler Abteilungsgrenzen.

---

[17] Hammer, M., Champy, J., Business Reengineering. Die Radikalkur für das Unternehmen, 2. Aufl., Frankfurt, New York 1994.

3.2   Ziele der Prozessgestaltung

Eines der wichtigsten Ziele der Prozessgestaltung ist die **Minimierung der Durchlaufzeit**. Die Durchlaufzeit setzt sich aus Bearbeitungs-, Liege- und Transportzeiten zusammen (vgl. Abb. 70).

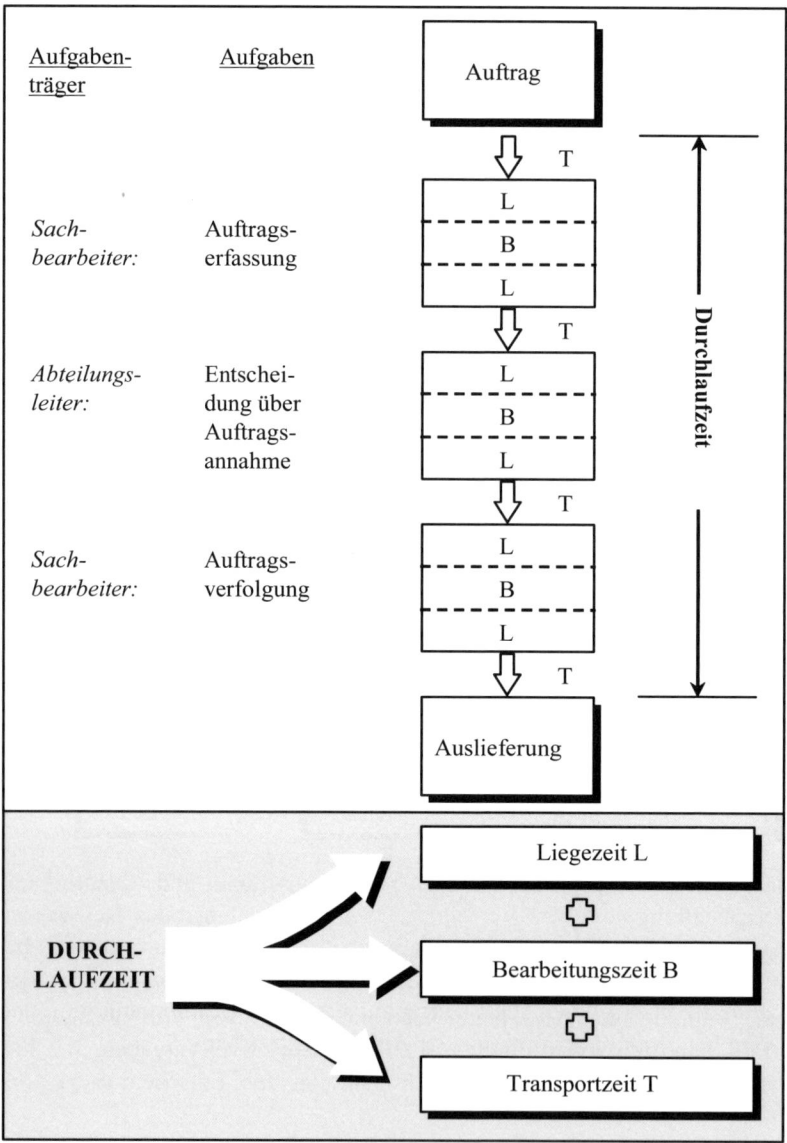

Abb. 70: Komponenten der Durchlaufzeit

Problematisch ist der hohe Anteil der Liegezeiten, der oftmals bis 90 Prozent der gesamten Durchlaufzeit beträgt. Transportzeiten, die durch häufige Rückfragen oder wiederholte Bearbeitung gleicher Vorgänge entstehen, führen zusätzlich dazu, dass die reine Bearbeitungszeit in manchen Fällen bei lediglich drei bis fünf Prozent liegt. Wichtigster Ansatzpunkt bei der Optimierung von Prozessen ist deswegen eine Verkürzung der Liegezeiten. Dies verdeutlicht auch Abb. 71, die in der linken Spalte einen typischen Ablauf mit starker Arbeitsteilung zeigt. Dabei fallen bei jedem Übergang von einem Aufgabenträger zu einem nachfolgenden Transport- und insbesondere Liegezeiten an. Hinzu kommen geistige Rüstzeiten für die bei jedem Bearbeitungswechsel nötige Einarbeitung. Häufig werden solche Abläufe nicht von integrierten IT-Systemen unterstützt. Medienbrüche führen zur Mehrfacherfassung von Daten. Beispielsweise wenn ein Sachbearbeiter auf die bereits im operativen IT-System gespeicherten Daten nicht zurückgreifen kann und deswegen eine manuelle Kartei führt. Zusätzlich verursachen diese redundanten Daten Fehler.

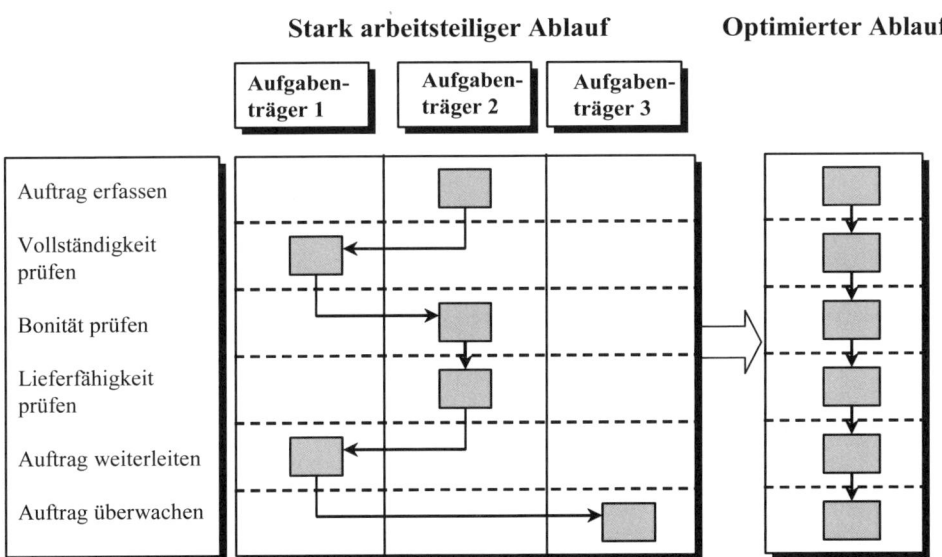

Abb. 71: Vom arbeitsteiligen zum schlanken Prozess

In einer solchen Situation bietet es sich zunächst an, die hohe Arbeitsteilung zurückzunehmen. In vielen Fällen ist die **Einrichtung von Teams** sinnvoll, die für komplette Prozessabschnitte zuständig sind. Dem einzelnen Mitarbeiter kann auch ein größerer Aufgabenbereich zugewiesen werden. Dies kann horizontal durch zusätzliche dispositive Aufgaben (Job Enlargement) oder in vertikaler Hinsicht durch Dezentralisierung von Entscheidungen (Job Enrichment) erfolgen.

Bei **Job Enlargement** verrichten die Mitarbeiter mehr gleichartige Arbeitsgänge. Job Enlargement-Maßnahmen motivieren die betroffenen Mitarbeiter häufig nicht. Typisch ist die Aussage: „Früher hatte ich einen miesen Job, jetzt sind es zwei."

B *Die Sachbearbeiter im Vertrieb diktierten früher die Auftragsbestätigungen für die*
D *Kunden auf Band. Der zentrale Schreibdienst erstellte den Text. Nach einer Um-*
organisation und Einführung von Job Enlargement mussten alle Mitarbeiter ihre
Texte selbst schreiben.

Job Enrichment verändert die Arbeit inhaltlich: Die Mitarbeiter übernehmen mehr Verantwortung, dürfen eigenständiger arbeiten und das Ergebnis selbst kontrollieren. Das führt in
der Regel zu höherer Zufriedenheit und Motivation, die Qualität verbessert sich, Fehlzeiten
und Fluktuation sinken. Job Enrichment kann in folgenden Schritten eingerichtet werden:[18]

1. Arbeitsgänge zu einem größeren Modul zusammenfassen und natürliche Arbeitseinheiten, die der Mitarbeiter als sinnvolles Ganzes wahrnimmt, bilden.

2. Beziehungen zu internen oder externen Kunden herstellen. Daraus resultiert ein Feedback für den Mitarbeiter.

3. Mehr Verantwortung und Kontrolle für die eigene Arbeit einräumen.

4. Rückmeldungen für die geleistete Arbeit sicherstellen. Dieses Feedback vermitteln in
    der Regel die direkten Vorgesetzten, aber auch Kunden und Kollegen.

B *Der Mitarbeiter im Einkauf stellte bisher die schriftlichen Bestellungen an die*
D *Lieferanten aus. Nach Job Enrichment plant er auch die optimale Bestellmenge,*
wählt den günstigsten Lieferanten aus und klärt Reklamationen.

Transportzeiten lassen sich besonders effektiv durch die **Einführung integrierter IT-
Systeme** verringern. Beispielsweise unterstützen Workflow-Systeme die durchgehende Bearbeitung von Prozessen auf der Grundlage fester Regeln. Der Benutzer kann mit solchen
Systemen nach Dokumenten suchen, elektronische Post versenden und Routineprüfungen
automatisieren.

B *Nach Eingang der Bestellung werden die Bestelldaten vom Workflow-System*
D *automatisch dem zuständigen Mitarbeiter im Einkauf zur Verfügung gestellt. Das*
System kann dabei berücksichtigen, wie viele Bestellungen ein Einkäufer gerade
bearbeitet, und in Abhängigkeit der Arbeitsbelastung einen Mitarbeiter auswäh-
len. Nachdem bestätigt wurde, dass die Lieferung ordnungsgemäß erfolgte, leitet
das System den Vorgang an die Finanzbuchhaltung weiter, damit die Zahlung
veranlasst und der Materialeingang verbucht werden. Erfolgt die Bearbeitung
einer Aufgabe nicht innerhalb einer festgesetzten Frist, wird automatisch eine
Meldung an den Vorgesetzten generiert.

---

[18] Weinert, A., Organisationspsychologie, 4. Aufl., München 1998, S. 186 f.

Der Prozess beim Abschluss von Versicherungsverträgen kann erheblich verkürzt werden, wenn man Notebooks einsetzt. Abb. 72 beinhaltet einen Vergleich der Durchlaufzeiten bei herkömmlicher Erfassung der Versicherungsdaten und bei elektronischer Antragserstellung direkt im Haus des Kunden.[19] Die Verkürzung der reinen Arbeitszeit beträgt ca. 40 Minuten. Dramatisch ist dagegen die Verringerung der Liegezeit von ursprünglich beinahe vier Wochen auf unter einen Tag. Damit gewinnt die Versicherung einen erheblichen Wettbewerbsvorsprung gegenüber der Konkurrenz.

	Papier		Tragbarer PC	
	Arbeits-zeit	Liege-zeit	Arbeits-zeit	Liege-zeit
Elektronische Datenerfassung im Außendienst	0 Min.	–	15 Min.	–
Ausfüllen des Antrags auf Papier	10 Min.	–	0 Min.	–
Prüfung des Antrags vor Ort	10 Min.	–	autom.	–
Verschicken des Antrags an die Zentrale	10 Min.	1 Tag	<1 Min.	0-1 Tag
Postweg bis zum Sachbearbeiter in der Zentrale	10 Min.	1-2 Tage	autom.	0
Elektronische Erfassung in der Zentrale	15 Min.	? Tage	0 Min.	0
Prüfung der Vollständigkeit/Rückfragen	10 Min.	? Tage	0 Min.	0
Verschicken der Police	autom.	–	autom.	0
Verschicken der Antragsdaten an den Außendienst	5 Min.	? Tage	autom.	vor-handen
Summe	>60 Minuten	5-20 Tage	< 20 Minuten	0-1 Tag

Abb. 72: Prozessoptimierung im Versicherungsaußendienst

Bei der Gestaltung von Geschäftsprozessen können, wie teilweise auch die Beispiele zeigen, neben der Reduzierung der Durchlaufzeit weitere Ziele erreicht werden:

- Maximierung der Kapazitätsauslastung
- Erhöhung der Flexibilität
- Verbesserung der Qualität
- Erhöhung der Termintreue
- Senkung von Kosten

---

[19] O.V., Computerwoche EXTRA vom 14.2.1997, S. 49.

Zwischen den Zielen „Maximierung der Kapazitätsauslastung" und „Minimierung der Durchlaufzeiten" besteht ein **Zielkonflikt**. Man spricht in diesem Zusammenhang auch vom Dilemma der Ablauforganisation.[20] Dies sei an einem Beispiel aus der Produktion verdeutlicht: Um eine möglichst gute Kapazitätsauslastung zu erreichen, muss ein hoher Auftragsbestand vor jedem Arbeitsplatz bereitstehen, sodass die Gefahr von Leerlauf nicht gegeben ist. Damit erhöhen sich jedoch für den einzelnen Auftrag die Liege- und damit die Durchlaufzeiten. Interessant ist in diesem Zusammenhang, dass

- eine relativ geringe Absenkung der Bestände
- eine überproportionale Verkürzung der Durchlaufzeit
- bei nur kleinen Einbußen der Kapazitätsauslastung

bewirken kann.

---

[20] Gutenberg, E., Die Produktion, 23. Aufl., Berlin u. a. 1979, S. 229.

Ihr Lernerfolg für Kap. 3

Unter einem **Prozess** versteht man eine Folge einzelner Vorgänge, die in einem logischen Zusammenhang stehen. Prozesse ziehen sich quer durch das Unternehmen und haben eindeutige Kunden- und Lieferantenbeziehungen.

Man kann Führungs-, Leistungs- und Unterstützungsprozesse unterscheiden.

Organisatorische Gestaltungsmaßnahmen zielen heute primär auf die Optimierung der Prozesse. Stellen werden nach den Erfordernissen der eingerichteten Prozesse gebildet.

Ein wichtiges Ziel der Prozessgestaltung ist die Minimierung der Durchlaufzeit.

Die Durchlaufzeit setzt sich aus Liege-, Bearbeitungs- und Transportzeiten zusammen. Problematisch ist der hohe Anteil der Liegezeiten, der oftmals bis 90 Prozent der gesamten Durchlaufzeit beträgt. Maßnahmen zur Verringerung der Liegezeiten sind Job Enlargement, Job Enrichment, die Einrichtung von Teams und der Einsatz integrierter IT-Systeme, insbesondere Workflow-Systeme.

Weitere Ziele, die man mit der Optimierung eines Prozesses verfolgt, sind: Maximierung der Kapazitätsauslastung, Erhöhung der Flexibilität, Verbesserung der Qualität, Erhöhung der Termintreue und die Senkung von Kosten.

Aufgaben für Kap. 3

23. Erklären Sie die wesentlichen Unterschiede zwischen der Organisation von Geschäftsprozessen und der traditionellen Organisation.
24. Welche wichtigen Ziele verfolgt man mit der Gestaltung von Prozessen?
25. Was versteht man unter dem Dilemma der Ablauforganisation?
26. Beschreiben Sie die Problematik der Durchlaufzeit.

4 Gestaltung der Organisation

4.1 Vorgehensweise bei Organisationsprojekten

Die Durchführung von Organisationsprojekten sollte systematisch und schrittweise erfolgen (vgl. Abb. 73).

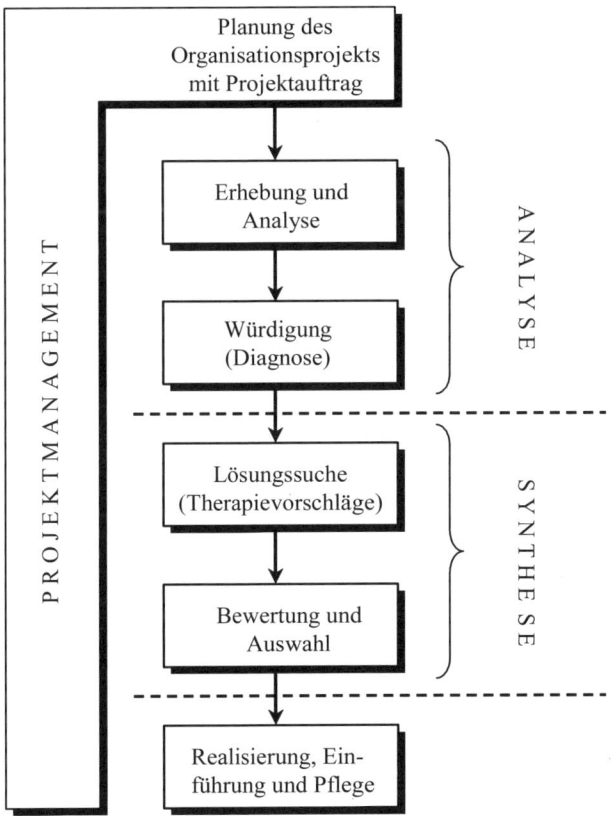

Abb. 73: Projektphasen für die Gestaltung der Organisation

Am Anfang des Projektes zur Organisationsgestaltung ist durch einen möglichst genau spezifizierten **Auftrag** festzulegen, welche Ziele zu erfüllen sind, welche Ressourcen dem Projektteam zur Verfügung stehen und bis wann das Projekt abgeschlossen sein muss. Daraufhin ist das Projekt, wie in Kap. 4.2 beschrieben, zu planen.

Im Rahmen der **Erhebung und Analyse** ist es wesentlich, die vorhandene Organisation im Unternehmen zu erkennen und transparent darzustellen. Zunächst sind die Organisationseinheiten, die optimiert werden sollen, zu bestimmen. Geht es z. B. um die Verbesserung von Prozessen, so ist es naheliegend, sich als Erstes um die Kernprozesse des Unternehmens zu kümmern. Das sind solche, die eine hohe Bedeutung im Wettbewerb um die Kunden besitzen. Andere Kriterien für die Auswahl von Prozessen sind mögliche Einsparungspotenziale, Einsatzmöglichkeiten neuer Technologien oder die voraussichtlichen Erfolgschancen einer Prozessgestaltung. Für die Prozessdarstellung wird eine hierarchische Differenzierung des Geschäftsprozesses in Teilprozesse, Arbeitsabläufe und Arbeitsgänge durchgeführt. Zusätzlich zu dieser Strukturbetrachtung muss die zeitlich-logische Anordnung der Arbeitsschritte erfasst werden. Dabei sollte man auch Zeit-, Mengen-, Kosten- und Qualitätsinformationen sowie Räumlichkeiten und Sachmittel (insbesondere die IT-Ausstattung) berücksichtigen. Bereits in diesem Stadium ist es hilfreich, sogenannte Referenzmodelle als Orientierungshilfe zu benutzen. Es handelt sich dabei um idealtypische Soll-Prozesse.

Die Analyse sollte sich nicht nur auf das eigene Unternehmen beschränken. Vielmehr sind die Prozesse unternehmensübergreifend zu betrachten. Durch die Verbesserung der zwischenbetrieblichen Kommunikation lassen sich enorme Einsparungen erzielen. Ein Beispiel dafür ist die Optimierung des Bestellprozesses. Handelsunternehmen lagern die Verantwortung für die eigene Bevorratung zunehmend auf die Zulieferer aus. Das funktioniert nur bei einer unternehmensübergreifenden Gesamtbetrachtung aller am Bestellprozess Beteiligten.

Die **Würdigung** bewertet die erhobenen, geordneten und dargestellten Ergebnisse der Organisationsanalyse. Die erkannten Probleme werden auf Ursachen zurückgeführt. Von besonderem Interesse sind im Rahmen der Prozessgestaltung Transport- und insbesondere Liegezeiten sowie mehrmaliges Bearbeiten desselben Vorgangs (z. B. durch unvollständige Unterlagen). Bei günstiger Datenlage können die Gesamtkosten des Prozesses mit der Prozesskostenrechnung ermittelt werden. Sie erlaubt eine Diagnose der Kostensituation im Prozess.

Die **Lösungssuche** ist der erste Schritt der Organisationsgestaltung. Dabei werden verschiedene Organisationsvarianten entwickelt. Jede vorgeschlagene Version beinhaltet optimierte Abläufe und Stellen sowie Maßnahmen für die Reorganisation der Daten, Aufgaben und Sachmittel. Zu berücksichtigen ist auch die Neukonzeption der Aufbauorganisation. Im Einzelnen sind die für den neuen Prozess notwendigen Stellen nach Art und Menge zu bestimmen, Verantwortlichkeiten und der Abteilungsaufbau festzulegen sowie zentrale Unterstützungs- und Dienstleistungszentren (Stäbe) einzurichten.

Das Finden geeigneter Organisationsvarianten ist eine sehr kreative Aufgabe, die durch Kreativitätstechniken unterstützt wird. Auch IT-Tools können hilfreich sein. Sie ermöglichen es z. B. im Rahmen von Simulationen, die Auswirkungen von Veränderung der Prozessausgangsgrößen zu bestimmen. Man erkennt die Konsequenzen einer geänderten Aufgabenverteilung im Hinblick auf Durchlaufzeiten und Kosten.

Liegen mehrere Alternativen für die Realisierung einer neuen Organisation vor, so müssen diese **bewertet** werden, um die vorteilhafteste Lösung bestimmen und **auswählen** zu können. Anschließend kann man die vorgeschlagenen Maßnahmen **realisieren**. Besondere Sorgfalt muss auf die Einführung des neu gestalteten Prozesses gelegt werden. Offene Informationspolitik und frühzeitige Schulungen erhöhen die Motivation der Mitarbeiter, Änderungen mitzutragen.

Neben den in größeren Zeitabständen durchgeführten Projekten zur Optimierung der Organisation darf die **ständige Weiterentwicklung** der Unternehmensorganisation nicht vernachlässigt werden. Alle Mitarbeiter müssen für einen Prozess der ständigen Verbesserung gewonnen werden.

4.2 Planung, Steuerung und Kontrolle von Organisationsprojekten

Die Gestaltung der Organisation ist eine komplexe und neuartige Aufgabe, die mit folgenden **Merkmalen** charakterisiert werden kann:

- zeitlich, finanziell und personell begrenzt
- festgelegtes Ziel
- keine Routineaufgabe
- bereichsübergreifende Teamarbeit
- oft umfangreich
- mit Unsicherheit und Risiko behaftet

Es handelt sich demnach um ein Projekt, für das ein systematisches **Projektmanagement** erforderlich ist.[21] Im Rahmen des Projektmanagements fallen folgende Aufgaben an:

- Projektmanagement bestimmt das „**WER**" eines Organisationsprojektes:
  – eine geeignete Aufbauorganisation für das Projekt
  – das Projektteam und den Projektleiter
  – die nötigen Ausschüsse
- Projektmanagement ermittelt das „**WAS**":
  – die Projektaufgaben
  – die Projektziele
  – personelle und finanzielle Ressourcen
- Projektmanagement betrachtet das „**WIE**" der Projektdurchführung:
  – die Vorgehensweise
  – die einzusetzenden Planungs- und Kontrolltechniken

---

[21] Fiedler, R., Controlling von Projekten, 6. Aufl. Wiesbaden 2013.

Projektmanagement dreht sich immer um die drei folgenden Ziele (man spricht auch vom sogenannten „magischen Dreieck"):

- **Leistungsziele**
  Die Verkürzung der Auftragsbearbeitungszeit ist z. B. ein Leistungsziel.

- **Terminziele**
  Man legt den Projektendtermin und bestimmte Zwischentermine fest. Der Abschluss der Erhebung und Analyse bis 18. Februar oder die Festlegung des Projektendes auf Ende Juni sind Terminziele.

- **Kostenziele und der wirtschaftliche Erfolg**
  Man legt Obergrenzen für die Projektausgaben fest. Im Beispiel für das Projekt „Verkürzung der Auftragsbearbeitungszeit" liegt das Kostenziel bei 80.000 Euro (vgl. Abb. 76).

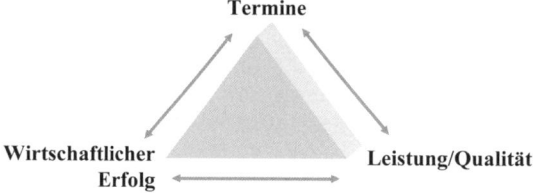

Abb. 74: Das magische Dreieck des Projektmanagements

Der Erfolg eines Organisationsprojekts hängt nicht nur von den eingesetzten Methoden und Instrumenten ab. Wichtig sind auch die soziale und psychologische Kompetenz der Projektleitung und natürlich das Fachwissen und die Erfahrung der Projektbeteiligten.

Nicht zu unterschätzen ist die Bedeutung der „weichen Faktoren". Hierzu gehören die Beziehungen innerhalb des Projektteams, also die Art und Weise des Umgangs miteinander. Auch die Kontakte zur Außenwelt (Auftraggeber, Betriebsrat, Management) beeinflussen entscheidend den Projektverlauf. Die Wichtigkeit dieser Faktoren kann durch die sogenannte „Eisberg-Theorie" ausgedrückt werden. Sie besagt, dass entsprechend dem unsichtbaren Teil eines Eisbergs 7/8 des Projekterfolgs von den Beziehungen zwischen den Projektbeteiligten abhängen und nur 1/8 von der Sachebene, z. B. den eingesetzten Instrumenten. Das zeigt den Stellenwert des „menschlichen Faktors".

4.2.1   Projektplanung

Die Planung ist kein einmaliger Prozess am Anfang eines Vorhabens, sondern sie muss projektbegleitend durchgeführt werden:
- Anfangs ist ein grober Plan für das gesamte Organisationsprojekt notwendig.
- In der Folge werden zusätzlich detaillierte Pläne für die einzelnen Phasen aufgestellt.

Die wichtigsten Planungsschritte sind im Folgenden dargestellt. Da die Planung sukzessive verfeinert wird, durchläuft man den Planungszyklus oder Teile davon mehrmals.

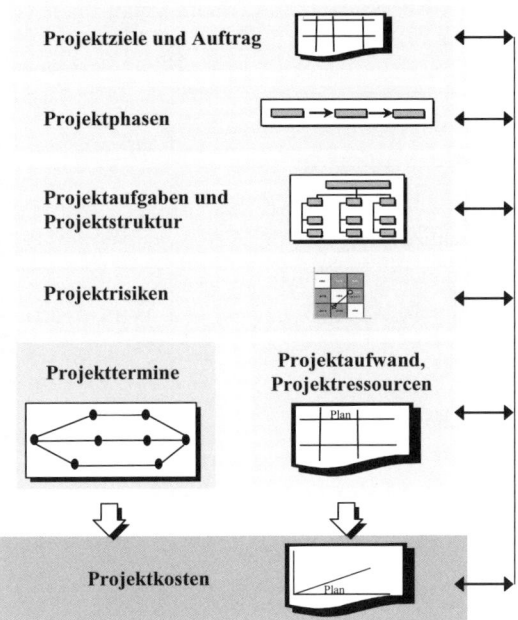

Abb. 75: Aufgaben der Projektplanung

Projektziele und Projektauftrag

Projektaufgaben werden nicht selten im sogenannten „Kümmerer-Stil" übertragen. Die Formulierung „... kümmern Sie sich doch einmal ..." ersetzt dabei einen schriftlich genau fixierten Projektauftrag. Meist investiert der „Kümmerer" in der Folge viel Zeit und Geld in eine Lösung, um vom Auftraggeber bei der Präsentation zu hören: „Das haben wir uns aber ganz anders vorgestellt." Eine besondere Gefahr ist dieses Management by „Machen Sie mal!" auch deswegen, weil dem Projektleiter gerne viele Aufgaben und Pflichten übertragen werden, aber kaum Kompetenzen, Mitarbeiter und finanzielle Mittel.

Deswegen müssen die **Ziele** zusammen mit dem Auftraggeber frühzeitig festgelegt werden. Hilfreich ist es auch, die Wichtigkeit der Ziele durch eine Gewichtung zu verdeutlichen. Außerdem müssen mögliche Zielkonflikte identifiziert werden. Das Gesamtziel ist in einen schriftlichen Projektauftrag aufzunehmen. Der **Projektauftrag** ist ein detaillierter Kontrakt, der die erwarteten Leistungen, die Projektabgrenzung, Verantwortliche, Termine und das zur Verfügung stehende Budget enthält.

Projektbezeichnung:
Verkürzung der Auftragsbearbeitungszeit

Projektziel
Die Bearbeitungsdauer der Kundenaufträge soll um 20 Prozent verkürzt werden.   **Was?**

Ausgangssituation
Die Auftragsbearbeitung dauert im Vergleich zur Konkurrenz zu lange.   **Warum?**

Projektabgrenzung
Gegenstand des Projektes ist die Erarbeitung und Umsetzung eines Gesamtkonzepts.   **Was nicht?**
Aufgabe ist es nicht, geeignete IT-Systeme zu realisieren.

Projektleitung
Projektleiter ist der Abteilungsleiter Organisation. Er hat volle
fachliche Weisungsbefugnis in allen Belangen des Projektes.   **Wer?**

Projektteam
N.N. (noch zu bestimmen)

Lenkungsausschuss
Der Lenkungsausschuss wird besetzt mit den Vorständen für Produktion und Vertrieb sowie den Leitern der Fachbereiche Einkauf, Logistik und kaufmännische Angelegenheiten.

Termine
Das Projekt beginnt am 1. Januar 2011 und endet am 30. Juni 2011.   **Wann?**
Meilensteine werden noch bestimmt.

Arbeitsaufwand und Budget
Der Aufwand wird mit 36 Personenmonaten veranschlagt. Das Budget beträgt   **Wie viel?**
80 Tausend Euro.

Unterschriften

Vorstand Vertrieb   Vorstand Produktion   Projektleiter

_____   _____   _____

Abb. 76: Projektauftrag

Projektphasen

Jedes Projekt durchläuft zwischen Projektbeginn und -ende unterschiedliche Phasen. Für
Organisationsprojekte ist das Vorgehensmodell der Abb. 73 gut geeignet. Die Unterteilung
des gesamten Projektverlaufs in einzelne abgegrenzte Schritte ist eine wichtige Aufgabe der
Projektplanung. Die Projektleitung behält dadurch den Überblick. Außerdem kann sie sich
jeweils auf die unmittelbar bevorstehende Phase konzentrieren, spätere Phasen müssen noch
nicht im Detail geplant werden.

Projektstruktur

Mit dem Projektstrukturplan wird die Gesamtaufgabe des Projekts in Teilaufgaben gegliedert. Er beschreibt das „WAS".

Die unterste Gliederungsebene des Projektstrukturplans sind die **Arbeitspakete**. Den einzelnen Arbeitspaketen sollte man Informationen über mögliche Risiken, Aufwand, Dauer, Ressourcenbedarf und voraussichtliche Kosten zuordnen. Außerdem muss der verantwortliche Mitarbeiter benannt werden.

Projektrisiken

Wenn die einzelnen Aufgaben des Projektes und deren Leistungsbeschreibung bekannt sind, sind mögliche Risiken zu identifizieren und zu bewerten. Für besonders schwerwiegende Risiken müssen Vorsorgemaßnahmen eingeleitet werden. Im Laufe des Projektes sollten alle gefundenen Risiken permanent beobachtet werden.

Projektaufwand

Auf der Basis der einzelnen Projektaufgaben und deren Leistungsbeschreibung wird der Projektaufwand geschätzt. Für eine realistische Aufwandschätzung ist es gut, die Erfahrungen aus abgeschlossenen Organisationsprojekten bewusst und systematisch zu sichern. Der Aufwand ist vom nachfolgend erwähnten Begriff der Dauer abzugrenzen: Wenn der Aufwand für eine organisatorische Erhebung zehn Tage umfasst, dauert dieses Arbeitspaket fünf Tage, falls zwei Mitarbeiter eingesetzt werden, oder 2,5 Tage, wenn vier Mitarbeiter parallel die Interviews durchführen. Aufwand und Zahl der eingesetzten Ressourcen bestimmen also die Dauer eines Arbeitspakets.

Projekttermine

Der Projektstrukturplan gibt keine Auskunft über die sachlogische Ausführungsreihenfolge. Dafür verwendet man die Vorgangsliste. Die Vorgangsliste zeigt die sachlich-logischen Abhängigkeiten zwischen den Arbeitspaketen und die Reihenfolge ihrer Abarbeitung. Sie wird aus dem Projektstrukturplan abgeleitet. Die Vorgangsliste verdeutlicht auch parallel ablaufende Arbeitspakete, Überlappungen zwischen Arbeitspaketen oder Zeitabstände. Wenn beispielsweise die Arbeiten des Nachfolgers schon starten, auch wenn die des Vorgängers noch nicht abgeschlossen ist, spricht man von Überlappung. Beginnen nachfolgende Arbeiten erst eine gewisse Zeit nach Beendigung des Vorgängers, handelt es sich um einen Zeitabstand.

Auf der Basis der Vorgangsliste und der geschätzten Dauer jedes Arbeitspaketes können die Start- und Endtermine aller Arbeitspakete und des gesamten Projektes festgelegt werden. Außerdem müssen **Meilensteine** definiert werden. Das sind Haltepunkte im Projekt, an denen definierte Projektergebnisse vorliegen müssen. An einem Meilenstein wird das bisher Erreichte geprüft und die weitere Vorgehensweise festgelegt. Die wichtigsten Meilensteine stehen am Übergang von einer Projektphase zur nächsten.

Wichtig ist es, den **kritischen Weg** zu ermitteln. Er kennzeichnet all jene Arbeitspakete, die sich keinesfalls verzögern dürfen, weil sich sonst das gesamte Projekt verlängern würde.

Projektressourcen

Unter Ressourcen versteht man Mitarbeiter, Material und Sachmittel. In der Praxis sind vor allem personelle Ressourcen stark limitiert. Deswegen muss deren Verfügbarkeit sorgfältig geprüft werden. Für jedes Arbeitspaket ist anzugeben, welche Ressourcenart in welcher Menge und Qualität benötigt wird.

Stehen die benötigten Kapazitäten zu einem bestimmten Zeitpunkt nicht zur Verfügung, muss dieser Spitzenbedarf durch einen Kapazitätsausgleich abgebaut werden. Das kann z. B. durch Überstunden oder zusätzliche Mitarbeiter geschehen. Ziel ist es, dass das Angebot und die Nachfrage nach Ressourcen übereinstimmen.

Projektkosten

Die vorliegende Planung der Aufgaben und ihrer Risiken, des Aufwands, der Termine und Ressourcen ist Grundlage für die Kostenplanung. In Organisationsprojekten entfällt der größte Kostenanteil auf die Personalkosten. Um die Personalkosten zu ermitteln, wird der pro Mitarbeiter geplante Stundenaufwand mit Stundensätzen multipliziert. Kosten werden pro Arbeitspaket geplant und über die verschiedenen Ebenen des Projektstrukturplans bis zu den Gesamtprojektkosten kumuliert.

4.2.2   Projektsteuerung und -kontrolle

Die Projektsteuerung setzt eine laufende und effektive Projektkontrolle voraus. Basis der Kontrolle ist neben einer sorgfältigen Planung eine regelmäßige, korrekte und zeitnahe Erfassung der Ist-Daten. Häufig werden Abweichungen gegenüber der Planung auftreten. Handelt es sich um kritische Abweichungen, durch die wichtige Projektziele gefährdet sind, muss die Projektleitung die Ursachen analysieren und umgehend geeignete Gegenmaßnahmen einleiten. Die Projektkontrolle umfasst im Einzelnen

- die Ermittlung der Ist-Daten,
- die Gegenüberstellung der entsprechenden Plandaten,
- die Untersuchung der aufgetretenen Abweichungen, mit dem Ziel, deren Ursachen herauszufinden, und gegebenenfalls
- die Planung und Einleitung von Gegenmaßnahmen.

Im Rahmen der Projektkontrolle überprüft man (vgl. Abb. 77)

- Leistungen (Aufgabeninhalte, Qualität),
- Termine und
- Kosten.

Diese drei Größen sollten immer zusammen betrachtet werden. Liegt z. B. eine Kostenüberschreitung vor, kann dies durch unwirtschaftliches Handeln bedingt sein. Genauso gut könnte der Grund aber in einer unplanmäßigen Mehrleistung liegen oder es wurden teure Überstunden angeordnet, um die Projektdauer zu verkürzen.
Die Erkenntnisse aus der Projektkontrolle fließen in regelmäßige Berichte für das Management ein.

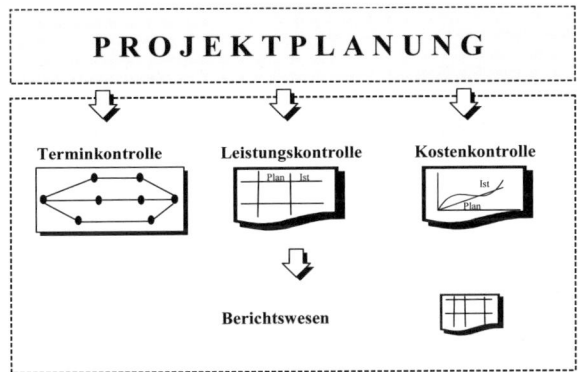

Abb. 77: Projektkontrolle und Berichtswesen

Ein gut ausgebautes **Berichtswesen** zeigt Kostenüberschreitungen, Leistungsverzug und andere Fehlentwicklungen früh auf. Es muss jederzeit einen aktuellen Überblick über den Stand der Projektarbeiten geben können. Das Berichtswesen bildet damit eine Grundvoraussetzung für die erfolgreiche Projektsteuerung. Wesentlicher Bestandteil des Projektberichtswesens ist der Fortschrittsbericht. Er soll das Management periodisch in kurzer und prägnanter Form über den Projektstand informieren. Aus den einzelnen Berichtspunkten muss man erkennen, ob alles wie geplant abläuft, welche Abweichungen und welche Probleme existieren oder sich entwickeln können. Der Fortschrittsbericht umfasst z. B. die folgenden Inhalte:

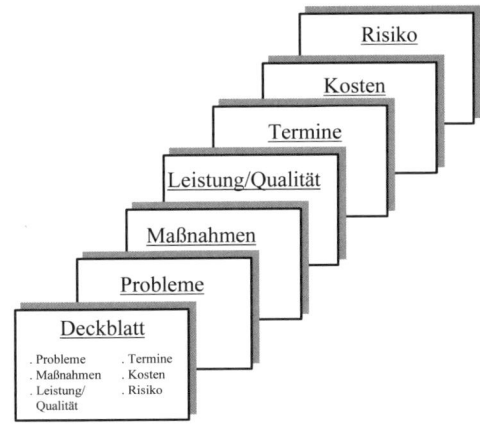

Abb. 78: Projektfortschrittsbericht

Das in Abb. 76 aufgeführte Projekt wird im Folgenden grob geplant. Dazu wird der Projektstrukturplan erstellt, daraufhin werden Abhängigkeiten zwischen den Arbeitspaketen festgelegt, Dauer und Aufwand jedes Arbeitspakets geschätzt und der Terminplan angezeigt.

PROJEKTSTRUKTURPLAN

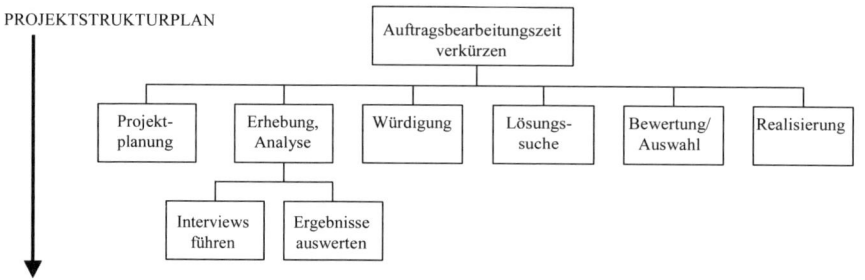

TERMIN- UND AUFWANDSPLANUNG

	Projektstrukturplan	Vorgänger	Dauer	Aufwand
1	1 Projektplanung		10 Tage	4 Wochen
2	⊟ 2 Erhebung und Analyse		5 Wochen	16 Wochen
3	2.1 Interviews führen	1	4 Wochen	12 Wochen
4	2.2 Ergebnisse auswerten	3	5 Tage	4 Wochen
5	3 Würdigung	4	2,5 Tage	2 Wochen
6	4 Lösungssuche	5	7,5 Tage	6 Wochen
7	5 Bewertung und Auswahl	6	10 Tage	4 Wochen
8	6 Realisierung	7	10 Wochen	40 Wochen

TERMINPLAN MIT RESOURCENZUORDNUNG

	Projektstrukturplan	Dauer	Dezember	Januar	Februar	März	April	Mai	Juni	Juli
1	1 Projektplanung	10 Tage		Projektleiter;Berater						
2	⊟ 2 Erhebung und Analyse	5 Wochen								
3	2.1 Interviews führen	4 Wochen			Projektteam[200%];Berater					
4	2.2 Ergebnisse auswerten	5 Tage			Projektteam[200%];Berater[200%]					
5	3 Würdigung	2,5 Tage			Berater;Projektleiter;Projektteam[200%]					
6	4 Lösungssuche	7,5 Tage				Projektteam[200%];Berater;Projektleiter				
7	5 Bewertung und Auswahl	10 Tage				Projektleiter;Berater				
8	6 Realisierung	10 Wochen						Projektteam[400%]		

Abb. 79: Planung des Organisationsprojekts

Ihr Lernerfolg für Kap. 4.1 und 4.2

Die einzelnen Schritte bei der Optimierung der Organisation bestehen aus der Planung des Organisationsprojekts, Erhebung und Analyse, Würdigung, Lösungssuche, Bewertung und Auswahl sowie Realisierung, Einführung und Pflege.

Die Optimierung der Organisation ist ein Projekt. Für die Planung, Kontrolle und Steuerung ist Projektmanagement einzusetzen. Im Rahmen des Projektmanagements werden die Aufgaben, Instrumente und Verantwortlichen des Projekts bestimmt.

Um ein Organisationsprojekt zu planen, muss ein Projektauftrag mit Zielsetzung definiert werden. Auf dieser Basis werden die einzelnen Arbeitspakete und Meilensteine definiert, ein Termin- und Ressourcenplan erstellt und die Kosten kalkuliert. Die Planung wird um die laufende Kontrolle und Steuerung des Organisationsprojekts ergänzt.

Bei der Projektsteuerung und -kontrolle werden die Ist-Daten erfasst, Ist- und Plan-Daten gegenübergestellt, Abweichungen untersucht, Ursachen aufgedeckt und Gegenmaßnahmen geplant.

Fortschrittsberichte stellen in regelmäßigen Abständen die Projektsituation dar. Aus den einzelnen Berichtspunkten muss man erkennen, ob alles wie geplant abläuft, welche Abweichungen und welche Probleme existieren oder sich entwickeln können.

Aufgaben für Kap. 4.1 und 4.2

27. In welchen Schritten geht man bei der Gestaltung der Organisation vor?
28. Welche Merkmale hat ein Projekt?
29. Erklären Sie den Begriff des Projektmanagements.
30. Welche Aufgaben umfasst die Projektplanung?
31. In welchen Schritten erfolgt die Projektkontrolle?

4.3   Realisierung von Organisationsprojekten

Die Optimierung von Prozessen und der Aufbauorganisation ist eine komplexe Aufgabe, deren Lösung nur mit einer geeigneten Methodik möglich ist. Im Folgenden wird deshalb geklärt, welche Aspekte bei der Gestaltung der Organisation zu betrachten sind und welche Instrumente man in einem Organisationsprojekt verwenden kann.

4.3.1   Gestaltungsaspekte

4.3.1.1   Aufgaben, Aufgabenträger, Sachmittel, Informationen

Ein kurzer Fall soll die unterschiedlichen Aspekte der organisatorischen Gestaltung verdeutlichen:

*Um einen Kundenauftrag zu bearbeiten, muss der **Sachbearbeiter** im Vertrieb den **Auftrag annehmen**. Dazu benötigt er u. a. Informationen über die **Bonität des Kunden**. Er kann dafür auf eine Kundendatenbank zurückgreifen, die auf seinem **PC** gespeichert ist. Nachdem auch die Lieferfähigkeit geprüft wurde, ist der Auftrag an die Abteilung Produktionsplanung weiterzugeben.*

Das Beispiel beinhaltet

- Aufgabenträger,
- Aufgaben (und deren zeitlich-logischen Ablauf),
- Informationen und
- Sachmittel.

Man spricht in diesem Zusammenhang auch von den **Elementen der Organisation**. Sie müssen bei der Lösung jedes organisatorischen Problems berücksichtigt werden. Zwischen ihnen gibt es Beziehungen unterschiedlichster Art (vgl. Abb. 80):

- Einem Aufgabenträger sind Aufgaben in einer bestimmten Art und Menge zugeordnet.
- Aufgaben werden mit Sachmitteln, z. B. einem IT-Programm, unterstützt.
- Der Aufgabenträger benötigt zur Erfüllung seiner Aufgaben Informationen.

Die isolierte Betrachtung einzelner Elemente ist deswegen in der Regel nicht sinnvoll.

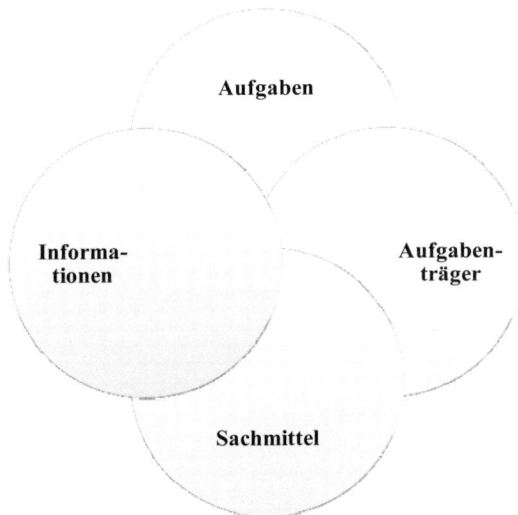

Abb. 80: Beziehungen zwischen den Elementen der Organisation

Diese integrierte Sichtweise bildet auch die Grundlage der sogenannten Architektur inte-grierter Informationssysteme, deren Methodik oft für die Optimierung der Organisation An-wendung findet.[22] Sie unterscheidet zwischen Daten-, Funktions- und Organisationssicht (vgl. Abb. 81; in Klammern sind die hier verwendeten Begriffe zugeordnet).

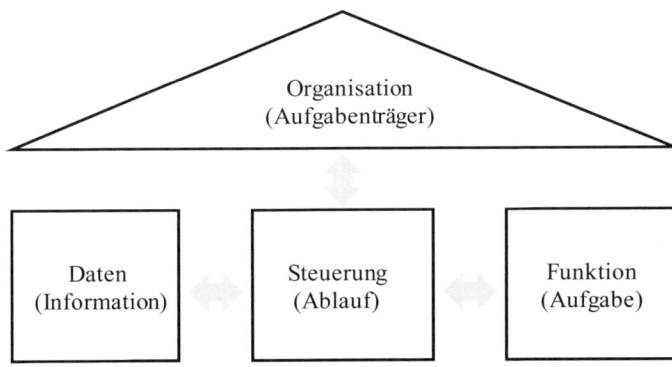

Abb. 81: Architektur integrierter Informationssysteme (ARIS)[23]

Die Verbindung zwischen den zunächst isoliert betrachteten Elementen erfolgt durch die Steuerungssicht (entspricht der Ablaufdarstellung). Die Sachmittel sind im ARIS-Modell im Rahmen der betriebswirtschaftlichen Betrachtungsweise nur von untergeordneter Bedeutung.

---

[22] Scheer, A.-W., Wirtschaftsinformatik, 7. Aufl. Berlin/Heidelberg 1997, S. 14 ff.
[23] In Anlehnung an Scheer, A.-W., Wirtschaftsinformatik, 7. Aufl. Berlin/Heidelberg 1997, S. 14.

Sie werden erst bei der IT-Konzeption und Implementierung stärker berücksichtigt. Deshalb blendet die in Abb. 81 dargestellte ARIS-Architektur die Sachmittel aus.

4.3.1.2   Beschreibungsmerkmale für die Elemente der Organisation

Die verschiedenen Elemente der Organisation müssen mit Informationen über Mengen, Zeiten und Räumlichkeiten näher beschrieben werden. Abb. 82 enthält Fragen, mit denen diese Informationen erhoben werden können.

	Inhalte		**Beispiele**
Menge	wie viel?		Anzahl Aufträge pro Tag
Zeit	wann?	Zeitpunkt	Sofort nach Eintreffen eines Auftrags
	wie lange?	Dauer	30 Minuten pro Auftrag
		Zeitraum	von Montag bis Freitag
Raum	wo?	Standort	Großraumbüro
	woher/ wohin?	Transportweg	Auslieferung direkt zum Kunden

Abb. 82: Beschreibungsmerkmale für die Elemente der Organisation

Zusammenfassend verdeutlicht Abb. 83, dass die Elemente der Organisation und deren Beschreibungsmerkmale Grundlage für die Gestaltung der Aufbauorganisation und der Prozesse sind.

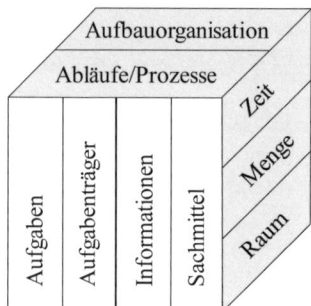

Abb. 83: Dimensionen für die Gestaltung der Organisation[24]

4.3.2   Methoden

Methoden und Instrumente sind sozusagen die Werkzeuge im Werkzeugkasten des Organisators, mit denen er die Aufbauorganisation und Prozesse gestalten kann. Für jede Phase im Projektablauf stehen mehrere Instrumente zur Verfügung, aus denen man jeweils die passenden selektieren muss. In den folgenden Abschnitten werden ausgewählte Methoden be-

---

[24] In Anlehnung an Schmidt, G., Einführung in die Organisation, 2. Aufl. Wiesbaden 2002, S. 30.

schrieben, die man in den verschiedenen Projektphasen bei der Gestaltung der Organisation einsetzen kann (vgl. Abb. 73).

4.3.2.1   Erhebungsmethoden

Erhebungen bilden die wichtigste Grundlage der Organisationsgestaltung. Falsche Informationen oder Daten, die man übersehen hat, können zu nicht optimalen Lösungen führen. In der Praxis muss die Erhebung oftmals unter erheblichem Zeitdruck durchgeführt werden. Bei einer sehr kurzen Ist-Aufnahme besteht die Gefahr, wichtige Zusammenhänge nicht zu sehen. Hinzu kommt der Widerstand von Mitarbeitern, die den Abbau ihrer Stellen oder Änderungen ihres Status befürchten. Sie geben nicht korrekte oder unvollständige Informationen weiter. Es ist also sehr wichtig, bereits in der Planung genügend Zeit für die Ist-Aufnahme einzuplanen und die Betroffenen frühzeitig über den Zweck der Untersuchung zu informieren. Der Erfolg einer Erhebung hängt darüber hinaus von der Wahl des geeigneten Erhebungsverfahrens ab.

Für die Erhebung greift man in erster Linie auf Interviews, Fragebogen, Auswertung von Dokumenten und Beobachtungen zurück, aber auch Multimomentstudien und Selbstaufschreibungen werden eingesetzt.

Interview

Die zentrale Technik der Erhebung ist das Interview. Wurden die Fragen vorher genau ausformuliert und werden sie während des Gesprächs vorgelesen, so spricht man von einem strukturierten oder **standardisierten Interview**. Im Gegensatz dazu orientiert sich der Interviewer bei einem **nicht standardisierten Interview** an einem groben Leitfaden mit Stichpunkten, die er ansprechen möchte. Er hat während des Gesprächs die Freiheit, die Fragen völlig frei zu formulieren oder zusätzliche Fragen in Abhängigkeit der Antworten zu stellen. In der organisatorischen Praxis wird in der Regel das **halbstandardisierte Interview** eingesetzt. Der Interviewer hat einen Katalog ausformulierter Fragen vorbereitet. Er kann Zusatzfragen stellen, Fragen anders formulieren, in einer geänderten Reihenfolge stellen oder ergänzende Erklärungen in das Interview einbauen.

Ein Interview sollte in drei Schritten ablaufen:

Einleitung (weiche Phase)	Sachliche Erhebung (neutrale bis harte Phase)	Abschluss (weiche Phase)
• Sympathie aufbauen • Vertrauen wecken • positives Gesprächsklima herstellen	• Grund des Interviews nennen • Informationen sammeln • Informationen mit dem Interviewpartner zusammen bewerten • Ursachen für Probleme klären • Lösungen erarbeiten und bewerten • Interview zusammenfassen	• Positive Schlussstimmung herstellen • Kooperationsbereitschaft sicherstellen

Abb. 84: Schritte des Interviews

Interviews eignen sich dann, wenn der Kreis der zu Befragenden nicht zu groß ist. Der persönliche Kontakt mit dem Interviewpartner führt zu sehr gut verwertbaren Informationen. Bei einem großen Untersuchungsbereich ist der Zeitaufwand für das Interview nicht mehr zu vertreten. Dann sollte man den Fragebogen einsetzen.

Fragebogen

Bei einer schriftlichen Befragung ist die sorgfältige Ausarbeitung der Fragen ausschlaggebend. Alle Fragen müssen verständlich formuliert sein. Wichtig für den Erfolg ist, dass die Befragten über das Ziel der Fragebogenaktion aufgeklärt werden. Der Fragebogen sollte immer auf die zu befragende Zielgruppe abgestellt sein. Werden unterschiedliche Hierarchieebenen des Unternehmens befragt, sollte man mindestens zwei Fragebögen einsetzen, einen für das Management und einen für die ausführenden Stellen.

Im Unterschied zum Interview ist der Erhebungsaufwand bei einem Fragebogen gering. Die Auswertung geschlossener Fragen (Antwort durch Ankreuzen) kann zudem automatisch erfolgen. Nachteilig ist, dass der persönliche Kontakt zum Interviewpartner fehlt. Es kommt vor, dass sich Mitarbeiter absprechen, wie sie den Fragebogen ausfüllen. Um die Nachteile des Fragebogens zu kompensieren, setzt man Fragebogen und Interview auch kombiniert ein. Durch einzelne Interviews im Vorfeld werden die wichtigen Fragen gesammelt und auf Verständlichkeit getestet. Einzelne Fragebögen werden durch Interviews ergänzt, um z. B. Unklarheiten zu beseitigen.

Dokumentenauswertung

Die Auswertung vorhandener Dokumente wie Arbeitsanweisungen oder Stellenbeschreibungen wird im Vorfeld zur Vorbereitung von Interviews oder Fragebögen angewandt. Der Aufwand dafür ist gering.

Beobachtung

Auch die Beobachtung wird ergänzend zu anderen Erhebungsmethoden eingesetzt. Erkennt man z. B. im Rahmen eines Interviews am Arbeitsplatz des Befragten, dass sich auf dessen Schreibtisch eine Vielzahl unterschiedlicher Vorgänge stapeln, ist das ein Indiz für Arbeitsüberlastung.

Multimomentstudie

Bei einer Multimomentstudie werden Kurzzeitbeobachtungen stichprobenmäßig durchgeführt. Aufgrund der Momentaufnahmen schließt man auf die Gesamtheit.[25]

Die Telefonanlage in einem Call-Center fällt immer wieder für kurze Zeit aus. Die Geschäftsführung möchte wissen, wie hoch der Anteil der Ausfallzeiten ist, um über eine Ersatzbeschaffung entscheiden zu können. Man entschließt sich, eine Multimomentaufnahme durchzuführen. Zunächst wird der Rundgang des Beobachters durch das Call-Center geplant und mit einer Skizze dokumentiert. An-

---

[25] REFA (Hrsg.), Methodenlehre des Arbeitsstudiums, Teil 2 Datenermittlung, 7. Aufl., München 1992, S. 233 ff.

schließend bestimmt man die erforderliche Anzahl der Beobachtungen. Dafür wird der Anteil der Unterbrechungen an der Gesamtzeit geschätzt und ein sogenannter Vertrauensbereich festgelegt, der die Zuverlässigkeit der ermittelten Daten angibt. Mithilfe eines Nomogramms mit einer vorgegebenen Aussagewahrscheinlichkeit von 95 Prozent (vgl. Abb. 85) kann z. B. ermittelt werden, dass bei einem geschätzten Anteil der Störungen von 30 Prozent und einem Vertrauensbereich von 2,5 Prozent 1.300 Beobachtungen erforderlich sind. Das Ergebnis der Multimomentstudie wird also mit einer Sicherheit von 95 Prozent angeben, dass der tatsächlich festgestellte Anteil der störungsbedingten Wartezeit weniger als 2,5 Prozent vom tatsächlichen Wert abweicht.

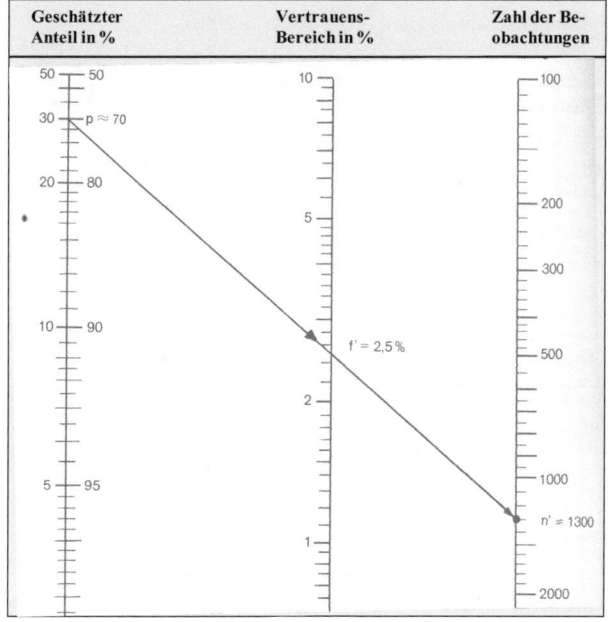

Abb. 85: Nomogramm mit einer Aussagewahrscheinlichkeit von 95 Prozent[26]

Nachdem die Zeitpunkte für die Rundgänge zufällig ausgesucht wurden, werden die Beobachtungen durchgeführt. Während der Rundgänge hat man 370 Mal eine Störung der Telefonanlage beobachtet. Daraus errechnet sich, dass die Mitarbeiter 28 Prozent ihrer Arbeitszeit warten müssen. Die ursprüngliche Schätzung war also sehr gut. Wenn im Call-Center 20 Mitarbeiter beschäftigt sind und jeder Mitarbeiter pro Schicht 480 Minuten arbeitet, beträgt der Anteil der durch die Störung verursachten Wartezeit 2.688 Minuten pro Schicht.

---

[26] REFA (Hrsg.), Methodenlehre des Arbeitsstudiums, Teil 2 Datenermittlung, 7. Aufl., München 1992, S. 242.

Selbstaufschreibungen

Auf vorgefertigten Formularen dokumentieren die Mitarbeiter chronologisch ihre Tätigkeiten. Oft genügen Strichlisten, in die für jede innerhalb eines vorgegebenen Zeitraums ausgeführte Tätigkeit ein Strich eingetragen wird. Das folgende Beispiel schildert die Vorgehensweise bei einer Selbstaufschreibung[27].

Die Mitarbeiter einer Station im Krankenhaus sollten alle ein- und ausgehenden Telefonate notieren, um deren Häufigkeit erfassen zu können. Dafür wurde ein Formular verteilt, das in den Zeilen die Gesprächsteilnehmer und in den Spalten die Uhrzeit des Gesprächs enthält. Jeder Anruf musste mit einem Strich protokolliert werden.

Frühdienst									
Ort / Zeit	ab 6:00	ab 7:00	ab 8:00	ab 9:00	ab 10:00	ab 11:00	ab 12:00	ab 13:00	ab 14:00
Archiv									
Andere Station									
Apotheke									
Aufnahme									
CT									
Einkauf									
EKG									
Endoskopie									
Intern Station A									
Küche									
Labor									

Abb. 86: Formular einer Selbstaufschreibung

Die Auswertung ergab eine deutliche Zunahme der Telefonate im Zeitraum von 6 bis 11 Uhr. Die meisten Telefonate wurden mit dem Labor geführt.

Die Selbstaufschreibung erlaubt eine breite Erhebung der Tätigkeiten mit geringen Kosten. Die Ergebnisse werden akzeptiert und kaum infrage gestellt. Allerdings besteht die Gefahr, dass sich die Mitarbeiter gegen eine Selbstaufschreibung wehren und die Daten manipulieren.

4.3.2.2   Analysemethoden

Die Techniken für die **Analyse**, also die aussagekräftige Aufbereitung der erhobenen Daten, sollte man in der Weise auswählen, dass die verschiedenen Sichten auf einen Prozess berücksichtigt werden. Die folgenden Ausführungen beinhalten deshalb jeweils Techniken für die Analysesicht der Aufgaben, der Aufgabenträger, der Informationen und der Abläufe (vgl. Abb. 87). Aufgabenanalyse (vgl. Abb. 8), Organigramm (vgl. Abb. 21) und Funktionendia-

---

[27] O.V., http://www.stationsmanagement.de/stm/html/modul-d.htm, März 2007.

gramm (vgl. Abb. 24) wurden bereits im Kapitel Aufbauorganisation behandelt, sodass sie im Folgenden nicht mehr beschrieben werden.

Aufgaben	Aufgabengliederung, ABC-Analyse
Aufgaben-träger	Organigramm, Funktionendiagramm
Informa-tionen	Kommunikationstabelle, -diagramm, -netzwerk, Datenflussplan
Abläufe	Aufgabenfolgeplan, Arbeitsablaufdiagramm, Struktogramm, Entscheidungstabelle, Ereignisgesteuerte Prozesskette, Vorgangskettendiagramm,

Abb. 87: Überblick über Analysetechniken

4.3.2.2.1   Analyse der Aufgaben

ABC-Analyse

Die **ABC-Analyse** ist eine praxiserprobte Methode, um die wirklich wichtigen Größen zu erkennen. Typischerweise setzt man die ABC-Analyse für die Klassifizierung der

- Kunden nach Umsätzen,
- Produkte nach Umsätzen oder
- Lagerartikel nach Wert ein.

Das Resultat der ABC-Analyse ist oft eine Einteilung in wenige A-Positionen, die einen hohen Wert auf sich vereinigen, mehr B- Positionen mit einer mittleren Bedeutung und viele C- Positionen mit geringem Wert.

Mit der ABC-Analyse kann man auch Aufgaben nach Kriterien wie Fehlerhäufigkeit oder Kostenverursachung analysieren und ordnen. Untersucht man Aufgaben hinsichtlich ihrer Dauer mit der ABC-Analyse, so wird in vielen Fällen folgende Aufteilung sichtbar:

- **zehn Prozent** aller Aufgaben repräsentieren **60 Prozent** der gesamten Arbeitszeit (A-Aufgaben).
- **20 Prozent** aller Aufgaben repräsentieren **30 Prozent** der gesamten Arbeitszeit (B-Aufgaben).
- **70 Prozent** aller Aufgaben repräsentieren **zehn Prozent** der gesamten Arbeitszeit (C-Aufgaben).

Es lohnt sich, die A-Aufgaben besonders gründlich zu analysieren, weil bei ihnen die größten Einsparungen möglich sind.

Das Ergebnis einer ABC-Analyse wird grafisch mittels einer Konzentrationskurve dargestellt (vgl. Abb. 88).

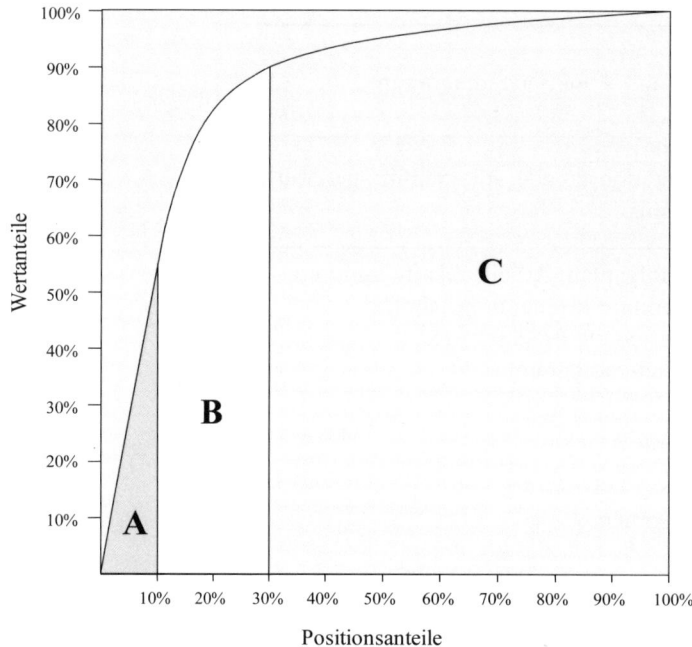

Abb. 88: Grafische Darstellung der ABC-Analyse

Abb. 88 verdeutlicht den Konzentrationsgrad sehr anschaulich. Eine gleichgewichtige Verteilung würde durch eine 45-Grad-Linie beschrieben. Je weiter die Kurve davon entfernt ist, desto stärker ist die Konzentration des Wertes auf wenige Positionen.

Die Vorgehensweise bei einer ABC-Analyse soll an einem Beispiel verdeutlicht werden:

1. Daten erheben

Im Rahmen einer Tätigkeitsanalyse für die Vertriebsabteilung wurden zehn Aufgaben, deren Dauer und Personalkosten pro Stunde ermittelt. Die Verteilung der Personalkosten soll in Form einer ABC-Analyse untersucht werden. Das Ergebnis ist auch grafisch darzustellen und zu erläutern.

Aufgabe	Dauer in Stunden/Monat	Stundensatz in EUR
1	5	100
2	4	53
3	10	34
4	500	60
5	200	53
6	16	70
7	15	40
8	50	30
9	200	45
10	1.000	30

Abb. 89: Daten für die ABC-Analyse

2. Werte ermitteln

Die Grunddaten führen zu folgenden Werten:

Aufgabe	Wert in EUR	Wertanteil in %
1	500	1%
2	212	0%
3	340	0%
4	30.000	36%
5	10.600	13%
6	1.120	1%
7	600	1%
8	1.500	2%
9	9.000	11%
10	30.000	36%
Summe	83.872	100%

Abb. 90: Wertermittlung für die ABC-Analyse

3. Positionen sortieren

Die Aufgaben werden nach der Höhe ihrer Personalkosten sortiert.

Aufgabe	Wert in EUR	Wert kum. In EUR	Wertanteil in %	Wertanteil kum. in %
4	30.000	30.000	35,8%	35,8%
10	30.000	60.000	35,8%	71,5%
5	10.600	70.600	12,6%	84,2%
9	9.000	79.600	10,7%	94,9%
8	1.500	81.100	1,8%	96,7%
6	1.120	82.220	1,3%	98,0%
7	600	82.820	0,7%	98,7%
1	500	83.320	0,6%	99,3%
3	340	83.660	0,4%	99,7%
2	212	83.872	0,3%	100,0%

Abb. 91: Sortierung der Daten

4. Auswertung

Zuletzt ermittelt man die kumulierten Wert- und Positionsanteile. Schließlich wird die ABC-Klassifizierung vergeben. Dabei orientiert man sich an den Differenzen zwischen zwei aufeinanderfolgenden Wertanteilen. Wenn sich diese Beträge stark verändern, geht man von der A- zur B- bzw. von der B- zur C-Klassifizierung über.

Aufgabe	Wertanteil kum. in %	Positionsanteil kum. In %	Klassi-fizierung
4	35,8%	10	A
10	71,5%	20	A
5	84,2%	30	B
9	94,9%	40	B
8	96,7%	50	C
6	98,0%	60	C
7	98,7%	70	C
1	99,3%	80	C
3	99,7%	90	C
2	100,0%	100	C

Abb. 92: Auswertung der ABC-Analyse

4. Grafische Darstellung

Die grafische Darstellung der ABC-Analyse verdeutlicht, dass lediglich 20 Prozent aller Aufgaben fast 72 Prozent der Personalkosten verursachen. Mit weiteren 20 Prozent können bereits ca. 95 Prozent der Personalkosten erklärt werden. Die restlichen fünf Prozent verteilen sich auf C-Aufgaben.

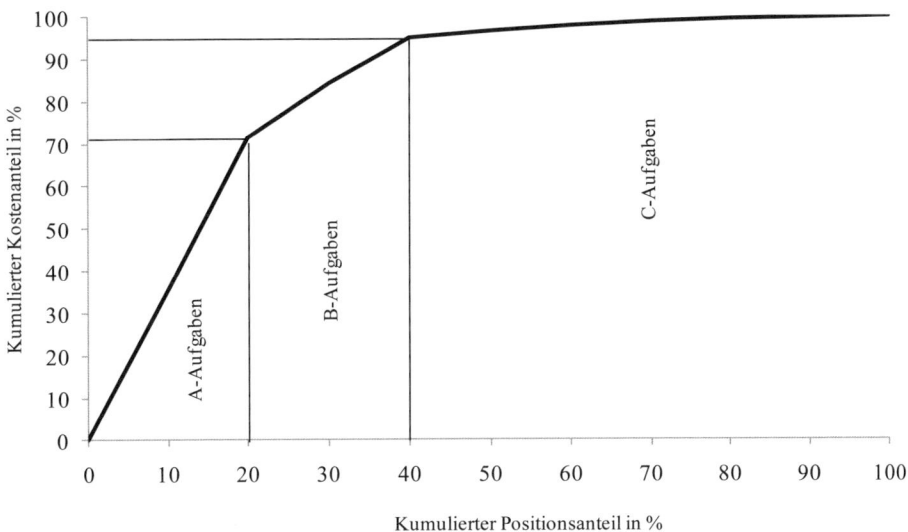

Abb. 93: Grafische Darstellung der ABC-Analyse

Eine Erweiterung stellt die ABC/XYZ-Analyse dar. Dabei wird ein zusätzliches Analysekriterium verwendet. Z. B. könnte man die Kostenverursachung einzelner Aufgaben (ABC-Analyse) um deren Beitrag zur Sicherung der Wettbewerbsfähigkeit (XYZ-Analyse) ergänzen. Das Beispiel der Abb. 94 gibt Hinweise für die Prozessgestaltung.

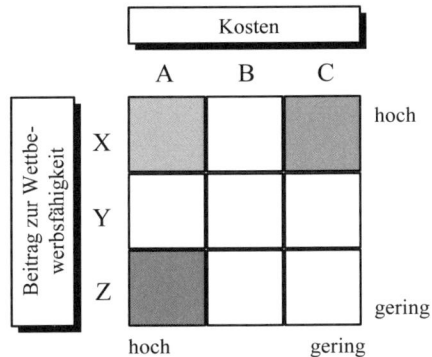

Abb. 94: ABC/XYZ-Analyse

XC-Aufgaben (hoher Beitrag zur Wettbewerbsfähigkeit, geringe Kosten) sind vom Unternehmen selbst wahrzunehmen, während ZA-Aufgaben (geringer Beitrag zur Wettbewerbsfähigkeit, hohe Kosten) u. U. an externe Dienstleister vergeben werden sollten. Aufgaben mit hoher Kostenverursachung und hohem Beitrag zur Wettbewerbsfähigkeit (XA-Aufgaben) stellen Ansatzpunkte zur organisatorischen Optimierung dar.

4.3.2.2.2   Analyse der Informationen und Daten

Um komplexe Aufgaben zu erfüllen, müssen die Mitarbeiter intensiv kommunizieren. Für die organisatorische Gestaltung ist es daher wichtig, zu wissen.

- wer mit wem wie intensiv kommuniziert,
- welche Kanäle und Medien gegenwärtig benutzt werden,
- welche Informationen zur Verfügung gestellt werden und
- welchen Informationsbedarf die Stelleninhaber haben.

Durch die Beantwortung dieser Fragen kann man auch erkennen, welche öffentlichen und betriebsinternen Netze genutzt werden sollten und welche kommunikationsunterstützenden Sachmittel bereitzustellen sind.

Kommunikationsbeziehungen können durch Kommunikationstabellen, Kommunikationsdiagramme und Kommunikationsnetzwerke dargestellt werden. Mit der folgenden **Kommunikationstabelle** kann z. B. die Stärke der Kommunikation zwischen dem Einkauf und anderen Abteilungen verdeutlicht werden. Sie zeigt Dauer, Häufigkeit, zeitlichen Gesamtaufwand und Inhalt des Informationsaustausches.

	Einkaufspreise			Auftragsdaten			Teiledaten			Sonstiges			Gesamt
	Z	M	G	Z	M	G	Z	M	G	Z	M	G	G
Logistik													
Fertigung													
Kalkulation													
Konstruktion													
Lieferant													
Sonstiges													
Gesamt													

M = durchschnittlicher Zeitverbrauch pro Kontakt in Minuten
Z = Zahl der Kontakte, G = gesamter Zeitaufwand

Abb. 95: Kommunikationstabelle für den Einkauf

Verwandte Darstellungen sind das **Kommunikationsdiagramm** und das **Kommunikationsnetzwerk**. Sie verdeutlichen im Überblick die Ergebnisse der einzelnen Kommunikationstabellen und enthalten als Information

- Kommunikationspartner,
- Kommunikationsdauer oder Kommunikationshäufigkeit.

Im abgebildeten Kommunikationsdiagramm kommuniziert der Leiter der Beschaffung 80 Stunden pro Monat. 40 Stunden davon mit dem Leiter der Materialdisposition, 30 Stunden mit dem Leiter der Bestellung und zehn Stunden mit dem Lagerleiter.

Leiter Beschaffung	80							
Leiter Materialdisposition	100	40						
Sachbearbeiter A	65	25	−					
			25	30				
Sachbearbeiter B	65	40	8	−	−			
Leiter Bestellung	80	−	−	−	−	10		
Sachbearbeiter A	60	−	−	−	2			
		20	15	−				
Sachbearbeiter B	55	40	7	−				
Lagerleiter	19	−						

Abb. 96: Kommunikationsdiagramm mit der Kommunikationsdauer in Stunden pro Monat

Das Kommunikationsnetzwerk verdeutlicht die Dauer der Kommunikation durch die Stärke der einzelnen Verbindungslinien.

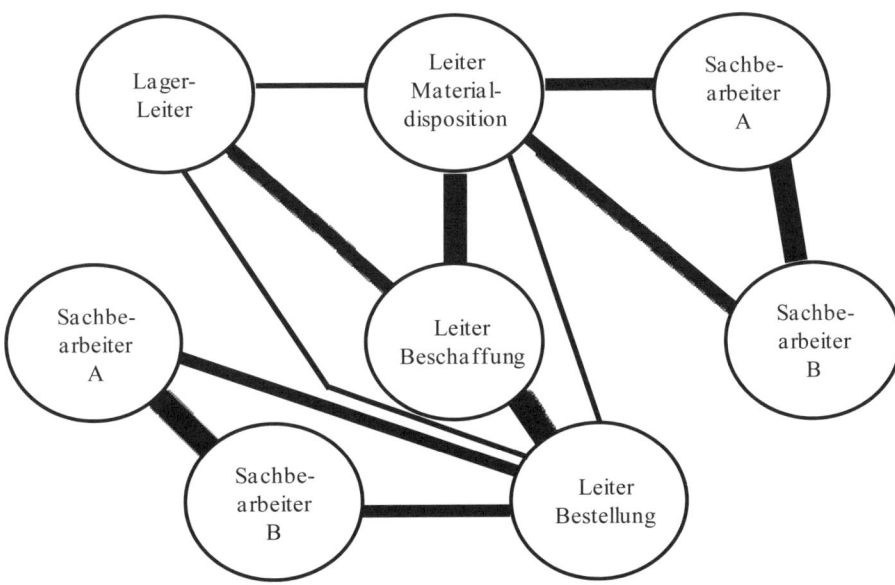

Abb. 97: Kommunikationsnetzwerk für die Beschaffung

Datenflussplan

Datenflusspläne zeigen in grafischer Form die Ein- und Ausgabedaten. Die Verarbeitung wird im Unterschied zum Programmablaufplan bzw. Aufgabenfolgeplan nur angedeutet (vgl. Abschnitt 4.3.2.2.3). Die im Datenflussplan verwendbaren Symbole sind in der DIN 66001 festgehalten. Folgenden Symbole werden häufig benutzt:

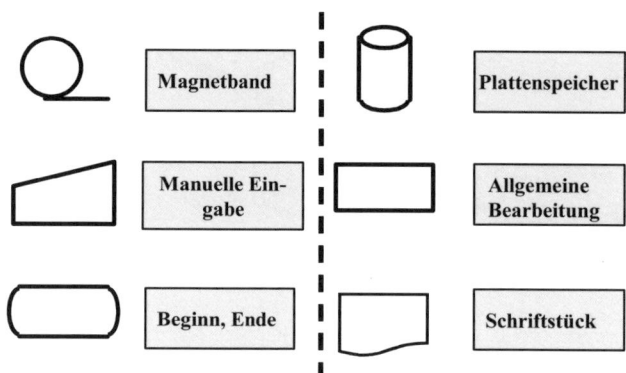

Abb. 98: Wichtige Symbole eines Datenflussplanes

Die für die Bestellabwicklung eingesetzten Daten sollen mit einem Datenflussplan verdeutlicht werden:

Die eingehenden Einzelbestellungen werden am Bildschirm erfasst. Der Großhandel übermittelt seine Bestellungen direkt in ein Bestellprogramm. Dort werden die Bestände (Magnetplatte) fortgeschrieben, d. h. um die entnommenen Mengen verringert. Für alle Erzeugnisse, bei denen eine definierte Mindestmenge erreicht ist, wird die Liste Meldebestand ausgedruckt. Das System erstellt für die lieferfähigen Bestellungen auch Rechnungssätze. Außerdem werden die Rechnungsdaten (Kunde, Artikel, Menge, Preis, Gesamtsumme) auf Magnetplatte gespeichert und in das Finanzbuchhaltungssystem übertragen. Dieses Programm erzeugt aus dem vorhandenen Debitorenbestand eine aktualisierte Debitorendatei (Band) und eine Liste für die Kostenträgerrechnung, die an die Geschäftsleitung geht.

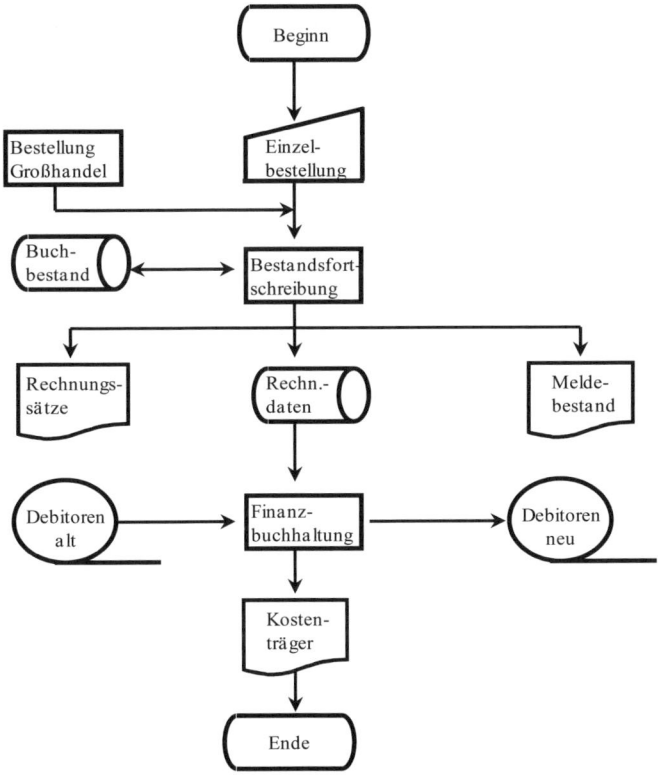

Abb. 99: Datenflussplan für die Bestellabwicklung

4.3.2.2.3   Analyse der Abläufe und Prozesse

Aufgabenfolgeplan

Der Aufgabenfolgeplan ist eine einfache und häufig eingesetzte Technik, die von vielen Mitarbeitern der Fach- und IT-Abteilungen verstanden wird. Er bringt die (mit der Aufgabenanalyse gewonnenen) Teilaufgaben in eine zeitliche und logische Folge. Verwendet werden die in Abb. 100 dargestellten Symbole.

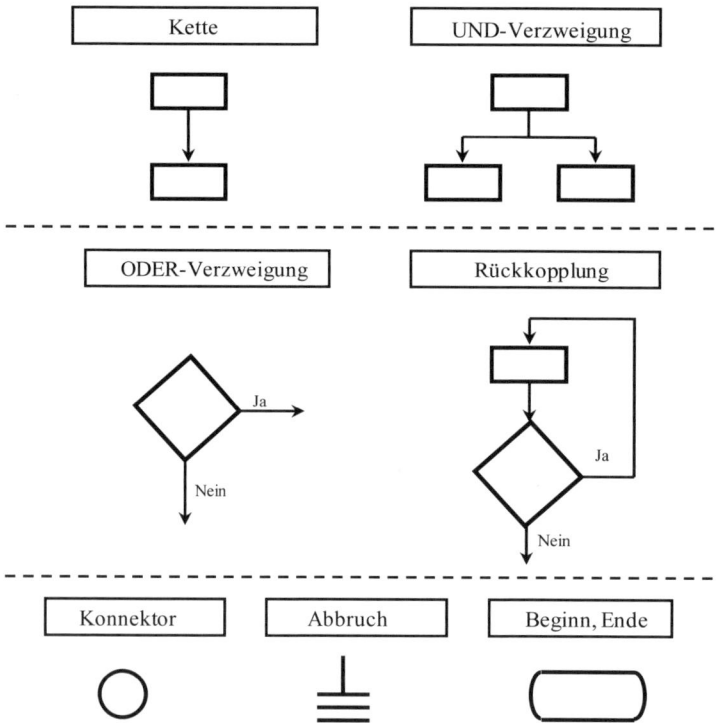

Abb. 100: Symbole des Aufgabenfolgeplans

Eng verwandt mit dem Aufgabenfolgeplan ist der **Programmablaufplan** (PAP). Es handelt sich dabei um eine IT-technische Darstellungstechnik, um den Programmablauf zu verdeutlichen. Er kann als spezielle Ausprägung des Aufgabenfolgeplans verstanden werden. Die Symbole des PAP sind in der DIN 66001 beschrieben. Abb. 101 zeigt den Unterschied zum Datenflussplan. Im Datenflussplan werden Ein- und Ausgabedaten dargestellt, die Verarbeitung ist sozusagen eine Blackbox. Dagegen verdeutlicht man im PAP, wie die Eingabe zur Ausgabe verarbeitet wird.

Datenflussplan   **Programm-**
                       ablaufplan

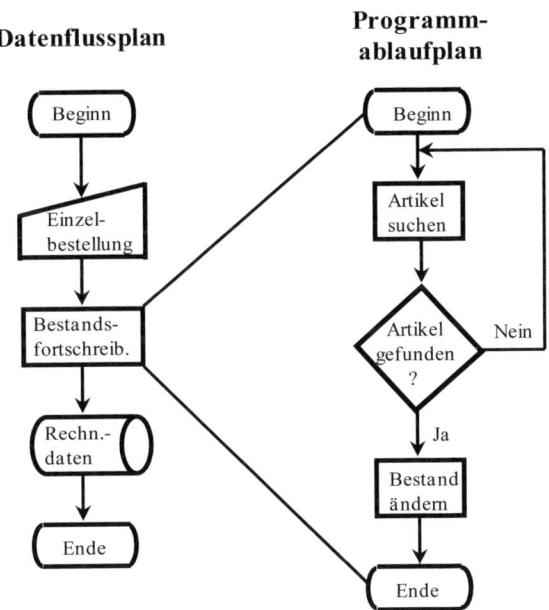

Abb. 101: Unterschied zwischen Datenfluss- und Programmablaufplan

Die Auftragsbearbeitung soll optimiert werden. Um den Ist-Ablauf zu erfassen, führt der Assistent der Geschäftsführung ein Interview mit dem Verkaufsleiter, dessen Wortlaut im Folgenden wiedergegeben ist. Zur Dokumentation des Ist-Ablaufs und als Grundlage für Verbesserungsvorschläge soll ein Aufgabenfolge-plan erstellt werden.

Assistent:
Wie wird der Auftrag in der Auftragsannahme bearbeitet?

Verkaufsleiter:
Die eingehenden Einzelbestellungen werden am Bildschirm erfasst. Der Großhandel übermittelt seine Bestellungen direkt in ein Bestellprogramm. Der Auftrag wird anschließend vom Verkaufssachbearbeiter weiterbearbeitet.

Assistent:
Welche Aufgaben hat der Verkaufssachbearbeiter?

Verkaufsleiter:
Handelt es sich um einen bekannten Kunden, genügt es, dessen Kundennummer auf dem Auftrag zu ergänzen. Bei einem Neukunden muss ein Kundenstammsatz angelegt werden. Danach ist der Auftrag auf Vollständigkeit zu prüfen. Unvollständige Aufträge müssen ergänzt werden. Weitere Prüfungen betreffen die Lieferfähigkeit. Ist die Lieferung nicht zum gewünschten Termin möglich, wird der Kunde informiert. Will er zum nächstmöglichen Termin beliefert werden, wird der Auftrag bestätigt. Ansonsten ist der Auftrag zu stornieren.

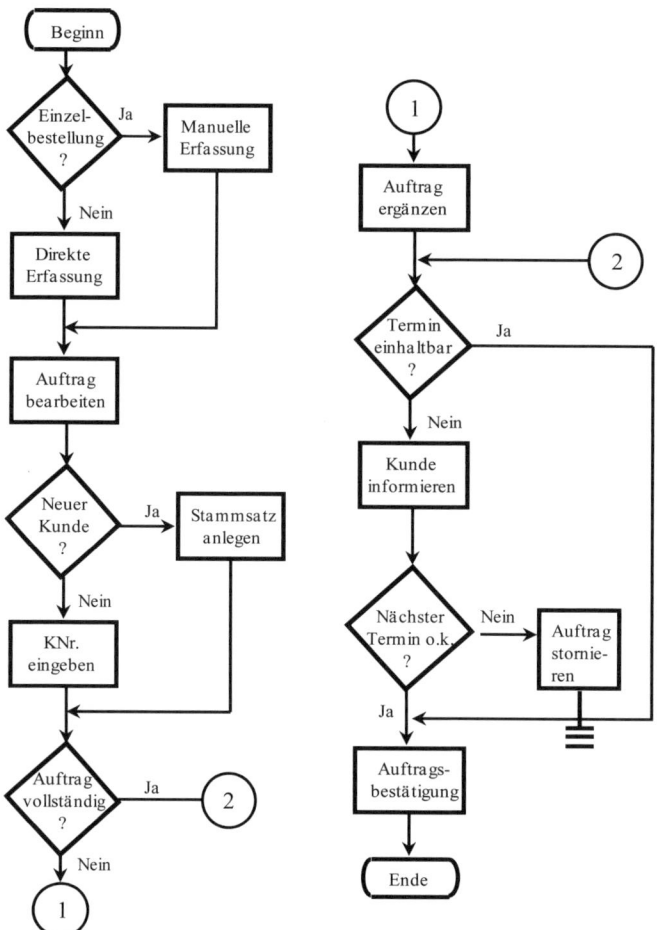

Abb. 102: Aufgabenfolgeplan für die Auftragsbearbeitung

Arbeitsablaufdiagramm

Das Arbeitsablaufdiagramm, auch Laufkarte genannt, ordnet Stellen den einzelnen Ablauf-schritten zu. Verwendung findet es für die Darstellung einfacher linearer Abläufe. Ein Bei-spiel ist in Abb. 103 dargestellt.

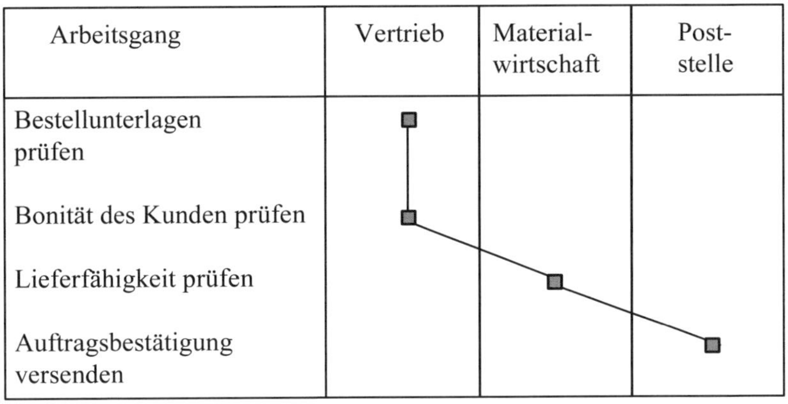

Arbeitsgang	Vertrieb	Material-wirtschaft	Post-stelle
Bestellunterlagen prüfen	■		
Bonität des Kunden prüfen	■		
Lieferfähigkeit prüfen		■	
Auftragsbestätigung versenden			■

Abb. 103: Arbeitsablaufdiagramm

Struktogramm

Struktogramme, auch Nassi-Shneiderman-Diagramme genannt, werden wie Programmab-laufpläne vor allem für die Darstellung von Programmabläufen verwendet. Struktogramme haben den Vorteil, dass unkontrollierte Sprünge von einem Programmteil zum anderen ver-hindert werden. Dadurch wird der Ablauf im Vergleich zu einem Programmablaufplan über-sichtlicher. Die Symbole sind in der DIN 66261 beschrieben (vgl. Abb. 104).

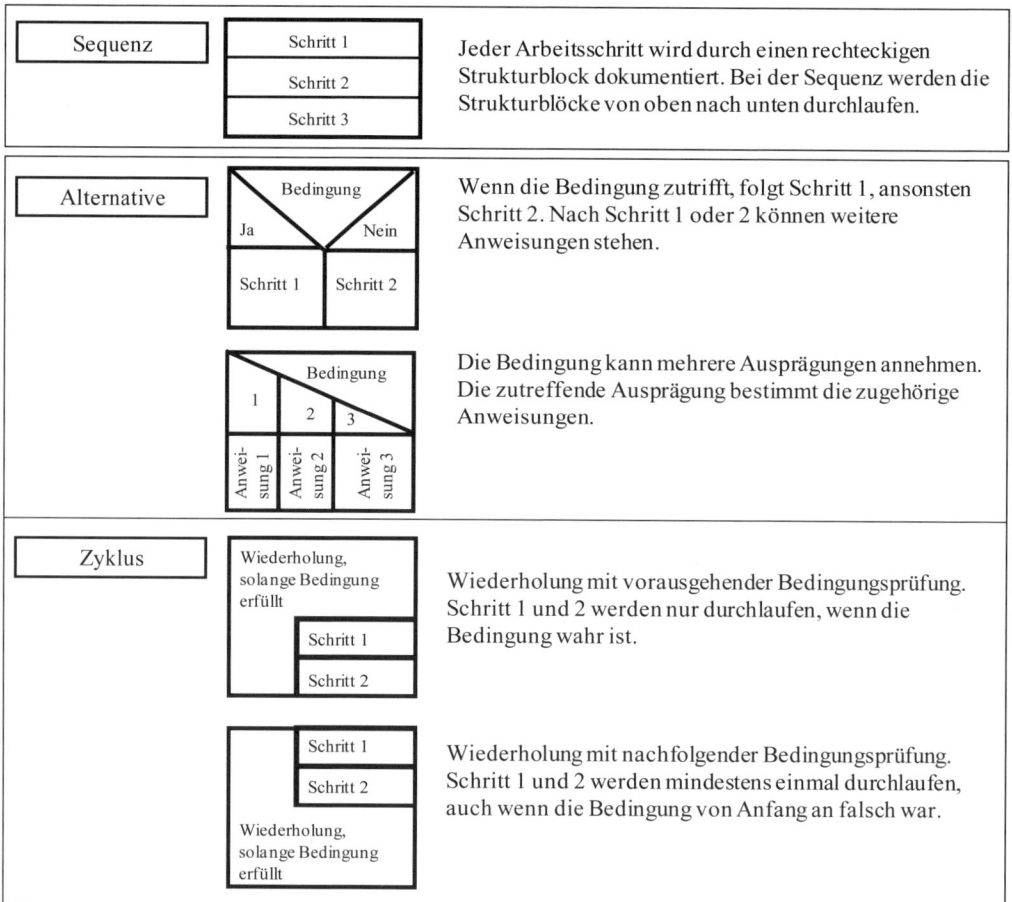

Sequenz	Schritt 1	Jeder Arbeitsschritt wird durch einen rechteckigen Strukturblock dokumentiert. Bei der Sequenz werden die Strukturblöcke von oben nach unten durchlaufen.
	Schritt 2	
	Schritt 3	

| Alternative | Bedingung / Ja / Nein / Schritt 1 / Schritt 2 | Wenn die Bedingung zutrifft, folgt Schritt 1, ansonsten Schritt 2. Nach Schritt 1 oder 2 können weitere Anweisungen stehen. |
| | Bedingung / 1 / 2 / 3 / Anweisung 1 / Anweisung 2 / Anweisung 3 | Die Bedingung kann mehrere Ausprägungen annehmen. Die zutreffende Ausprägung bestimmt die zugehörige Anweisungen. |

| Zyklus | Wiederholung, solange Bedingung erfüllt / Schritt 1 / Schritt 2 | Wiederholung mit vorausgehender Bedingungsprüfung. Schritt 1 und 2 werden nur durchlaufen, wenn die Bedingung wahr ist. |
| | Schritt 1 / Schritt 2 / Wiederholung, solange Bedingung erfüllt | Wiederholung mit nachfolgender Bedingungsprüfung. Schritt 1 und 2 werden mindestens einmal durchlaufen, auch wenn die Bedingung von Anfang an falsch war. |

Abb. 104: Symbole des Struktogramms

Bei jedem Auftrag muss geprüft werden, ob es sich um einen bekannten Kunden handelt. Es genügt in diesem Fall, dessen Kundennummer auf dem Auftrag zu ergänzen. Bei einem Neukunden muss ein Kundenstammsatz angelegt werden. Danach ist der Auftrag weiterzuleiten.

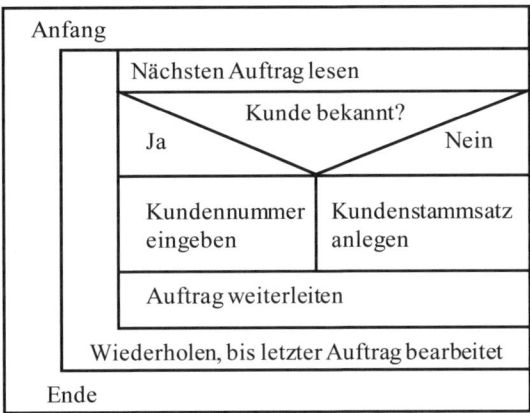

Abb. 105: Struktogramm der Auftragsbearbeitung

Entscheidungstabelle

Aufgabenfolgepläne werden schnell unübersichtlich, wenn viele Bedingungen zu berücksichtigen sind. Zur Darstellung komplexer Entscheidungssituationen ist die Entscheidungstabelle besser geeignet. Nach DIN 66241 ist sie ein Beschreibungsmittel für formalisierbare Entscheidungsprozesse. Die Struktur einer Entscheidungstabelle ist in Abb. 106 dargestellt.

	Bezeichnungen	R1	R2	R3	R4	R5	R6	R7	R8
B1									
B2	**Bedingungen**		**Bedingungsanzeiger**					
B3									
A1									
A2									
A3	**Aktionen**		**Aktionsanzeiger**					
A4									
A5									

Abb. 106: Aufbau einer Entscheidungstabelle

Um eine Entscheidungstabelle aufzubauen, geht man in folgenden Schritten vor:

1. Bedingungen festlegen
2. Aktionen ermitteln
3. Zahl der Entscheidungsregeln R errechnen ($R = 2^x$, wobei x für die Anzahl der Bedingungen steht)
4. Bedingungsanzeiger setzen (Ja bzw. Nein)
5. Aktionsanzeiger setzen
6. Überflüssige Kombinationen streichen

Die Bonität eines Kunden, bei dem bereits Zahlungsprobleme auftraten, prüft der Sachbearbeiter auf jeden Fall. Großkunden dürfen zwei Prozent Skonto abziehen. Kunden, mit denen bereits länger als fünf Jahre Geschäftsbeziehungen bestehen, ist ein Treuerabatt von fünf Prozent zu gewähren. Für die beschriebenen Bedingungen der Rabattgewährung finden Sie in Abb. 107 eine Entscheidungstabelle.

	R1	R2	R3	R4	R5	R6	R7	R8
B1 Zahlungsprobleme	J	J	J	J	N	N	N	N
B2 Geschäftsbeziehung > 5 Jahre	J	J	N	N	J	J	N	N
B3 Großkunde	J	N	J	N	J	N	J	N
A1 Bonität prüfen	X	X	X	X	–	–	–	–
A2 2 % Skonto	X	–	X	–	X	–	X	–
A3 5 % Treuerabatt	X	X	–	–	X	X	–	–

Abb. 107: Entscheidungstabelle für die Rabattgewährung

Ereignisgesteuerte Prozesskette (EPK)

Die EPK zeigt den logisch-zeitlichen Ablauf eines Geschäftsprozesses. Sie besteht aus einer Folge von Funktionen und Ereignissen.

Es ist darauf zu achten, dass bei der Formulierung eines **Ereignisses** das Objekt (z. B. *Angebot*) und die Verrichtung (z. B. *ist festgelegt*) einer Aufgabe genannt werden. Ereignisse formuliert man am besten wie folgt:

- Werkzeug ist vermessen
- Arbeitsplan ist erstellt
- Verkaufspreis ist festgelegt
- Angebot ist abgelehnt

Ereignisse steuern oder beeinflussen den Ablauf eines Geschäftsprozesses. Ein Ereignis löst eine **Funktion** aus, kann aber auch das Ergebnis einer Funktion sein. Während ein Ereignis immer auf einen Zeitpunkt bezogen ist, dauert die Funktion eine gewisse Zeit. Funktionen sollten wie folgt formuliert werden:

- Werkzeug vermessen
- Arbeitsplan erstellen
- Verkaufspreis festlegen
- Angebot ablehnen

Da Ereignisse eine Funktion starten und den Zustand nach Abschluss einer Funktion beschreiben, beginnt und endet eine EPK immer mit einem Ereignis. Für Funktionen und Ereignis werden folgende **Symbole** verwendet:

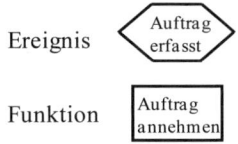

Ereignis

Funktion

Abb. 108: Symbole für die ereignisgesteuerte Prozesskette

Mit ereignisgesteuerten Prozessketten kann man nicht nur linear verlaufende Prozesse, sondern auch parallele oder alternative Verzweigungen beschreiben. Dies wird durch sogenannte UND-/Xor-/ODER-Verknüpfungen erreicht.

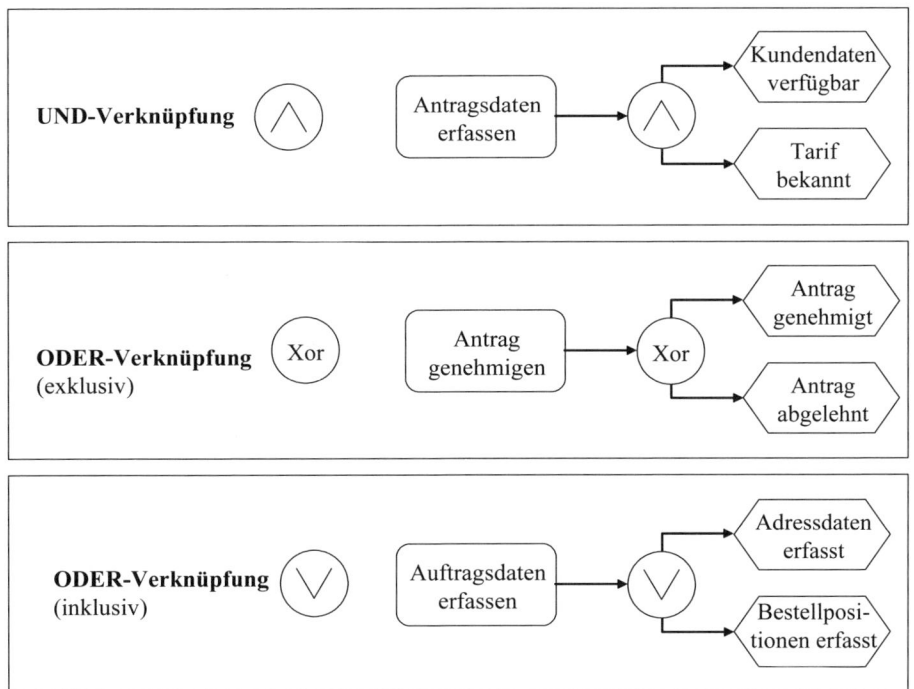

Abb. 109: Verknüpfungsoperatoren einer ereignisgesteuerten Prozesskette

Die UND-Verknüpfung entspricht einer Parallelisierung des Ablaufs. Exklusive und inklusive ODER-Verknüpfungen werden zur Modellierung von Alternativen im Prozessablauf verwendet.

Der Xor-Operator lässt nur genau einen Pfad als Alternative zu. Nach der Funktion „Bonität prüfen" kann nur das Ereignis „Bonität ist in Ordnung" oder alternativ das Ereignis „Bonität ist nicht in Ordnung" eintreten.

Die inklusive ODER-Verknüpfung erlaubt dagegen sowohl einen parallelen Ablauf des Prozesses als auch eine Entscheidung für einen einzelnen Pfad. Fragt der Mitarbeiter einer Autovermietung, die PKW und Motorräder vermietet, nach dem Wunsch des Kunden, kann als Ereignis „Mietwunsch ist PKW" oder alternativ „Mietwunsch ist Motorrad" eintreten. Aber auch das Ereignis „Mietwunsch ist PKW und Motorrad" wäre möglich.

Die Verknüpfungsmöglichkeiten der Prozessschritte lassen sich durch folgendes Beispiel veranschaulichen: Zwei Wanderer stehen an einer Weggabelung. In dieser Veranschaulichung laufen beide bei einer Xor-Verknüpfung entweder nach links oder nach rechts.
Bei einem UND-Operator wählt jeder Wanderer einen anderen Weg. Die inklusive ODER-Verknüpfung lässt eine Mischung dieser beiden Möglichkeiten zu.

Bei der Modellierung mit Operatoren gibt es **Einschränkungen** (vgl. Abb. 110): Die Möglichkeit, dass nach einem Ereignis verzweigt wird, ist nur bei einer UND-Verknüpfung, aber nicht beim inklusiven und exklusiven ODER-Operator zulässig. Da im Fall einer ODER-Verknüpfung über den weiteren Verlauf des Prozesses entschieden wird, ist eine Funktion zwingend erforderlich. Ein Ereignis kann keine Entscheidungen treffen.

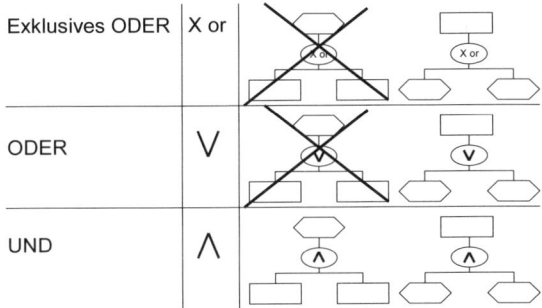

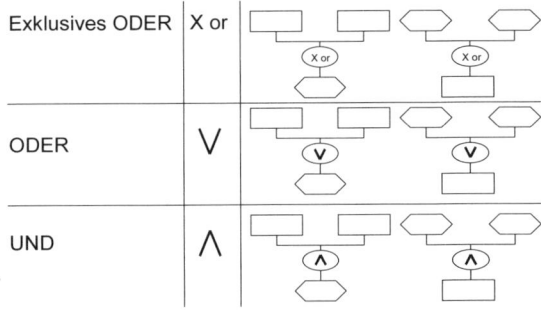

Abb. 110: Verknüpfungsalternativen einer ereignisgesteuerten Prozesskette

Bei der Realisierung von Prozessketten gibt es grundsätzlich zwei unterschiedliche Philosophien:

Bei der **schlanken** Modellierung wird nur der zeitlich-logische Ablauf der Prozessschritte in Form der Ereignisse und Funktionen dargestellt. Verwendet man die **erweiterte** Modellierung, so werden auch die von den Funktionen verarbeiteten Daten und die beteiligten Organisationseinheiten abgebildet.

Daten

Organisations-
einheit

Abb. 111: Symbole für Daten und Organisationseinheiten in der erweiterten ereignisgesteuerten Prozesskette

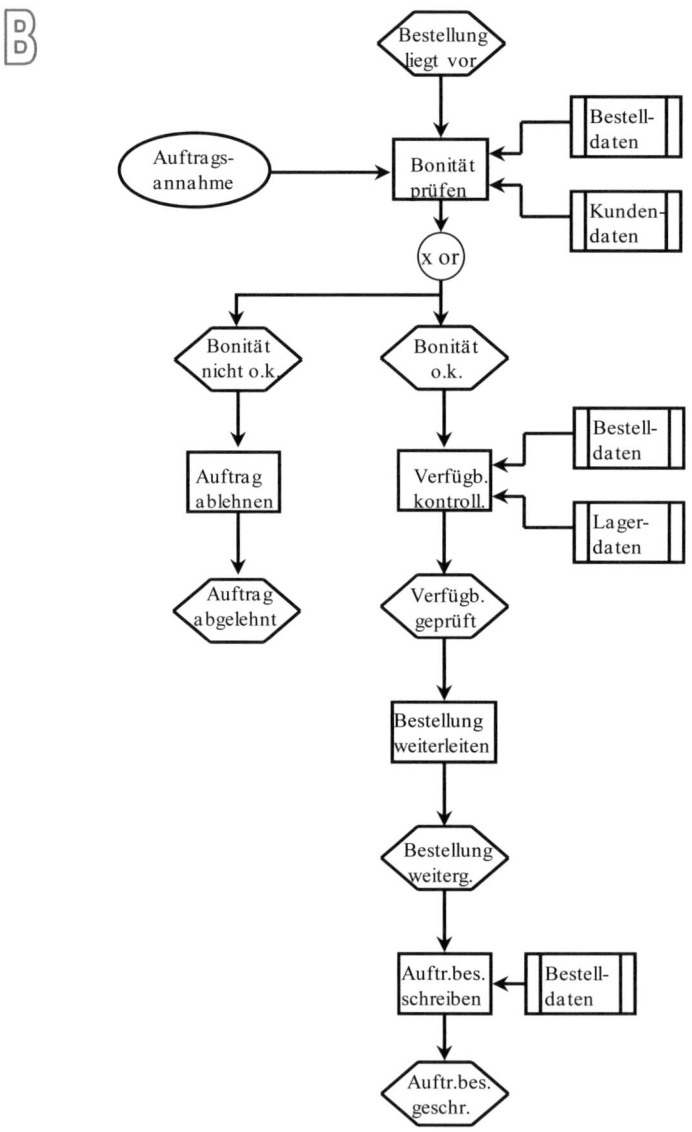

Abb. 112: Erweiterte ereignisgesteuerte Prozesskette

Für die Modellierung von Prozessketten empfiehlt sich eine Topdown-Vorgehensweise. Dabei hält man zunächst die wichtigsten Leistungsprozesse, wie den Produktionsprozess oder die Produktentwicklung, in einem **Wertschöpfungskettendiagramm** fest. Daraufhin wird z. B. der Produktionsprozess mit einem weiteren, aber detaillierteren Wertschöpfungs-kettendiagramm verdeutlicht. Für die detaillierte Darstellung der einzelnen Prozessschritte verwendet man dann die ereignisgesteuerte Prozesskette. Auf jeder Ebene sollten auch die

Organisation verdeutlicht und eine Aufgabenübersicht erstellt werden. Die entsprechenden Methoden, wie das Organigramm und die Aufgabengliederung, wurden bereits erläutert.

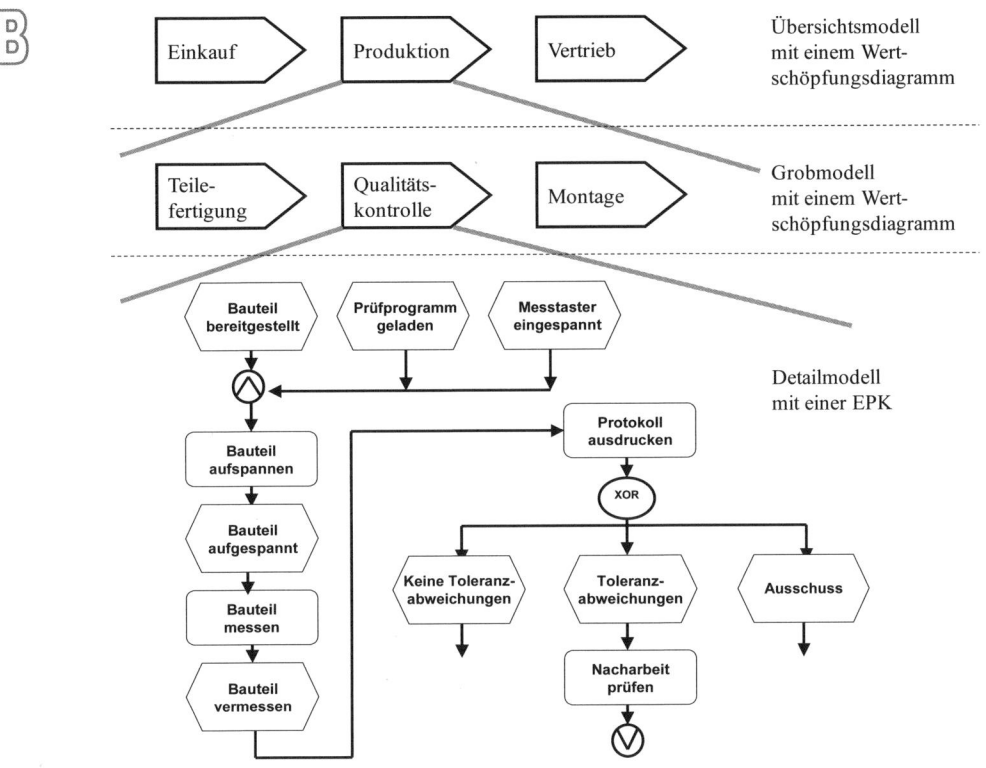

Abb. 113: Vorgehensweise bei der Modellierung von Prozessketten

Vorgangskettendiagramm

Das Vorgangskettendiagramm wird eingesetzt, um die wesentlichen organisatorischen Sichtweisen eines Ablaufs kompakt auf einem hohen Verdichtungsniveau darzustellen.[28] Verwendung finden die gleichen Symbole wie bei der ereignisgesteuerten Prozesskette. Die beiden Instrumente unterscheiden sich dadurch, dass beim Vorgangskettendiagramm neben den Ablaufschritten auch die zuständigen Stellen und Abteilungen sowie die IT-Unterstützung dokumentiert werden. Außerdem müssen in einem Vorgangskettendiagramm alle Zeichnungselemente in den vorgesehenen Spalten angeordnet werden, während die ereignisgesteuerte Prozesskette eine freie Anordnung erlaubt. Ausgehend von den Erkenntnissen, die man mit einem Vorgangskettendiagramm gewinnt, werden weitere Techniken eingesetzt, um einzelne Aspekte der Darstellung zu vertiefen.

---

[28] Scheer, A.-W., Wirtschaftsinformatik, 7. Aufl. Berlin/Heidelberg 1997, S. 63 f.

Die Kundenbestellung wird vom Vertrieb bearbeitet. Zunächst wird die Bonität des Kunden geprüft. Dazu werden die Kundenkartei und die Bestelldaten herangezogen. Anschließend muss anhand der Bestelldaten die Verfügbarkeit der gewünschten Produkte kontrolliert werden. Dies geschieht online im Lagerprogramm. Dort sind alle Lagerdaten gespeichert. Sind die Produkte lieferbar, wird die Bestellung per E-Mail an die Abteilung Materialdisposition weitergeleitet. Außerdem erhält der Kunde eine Auftragsbestätigung, die mit einem Textverarbeitungssystem unter Zuhilfenahme der Bestelldaten geschrieben wird. In Abb. 114 wir der Ablauf mithilfe des Vorgangskettendiagramms dargestellt.

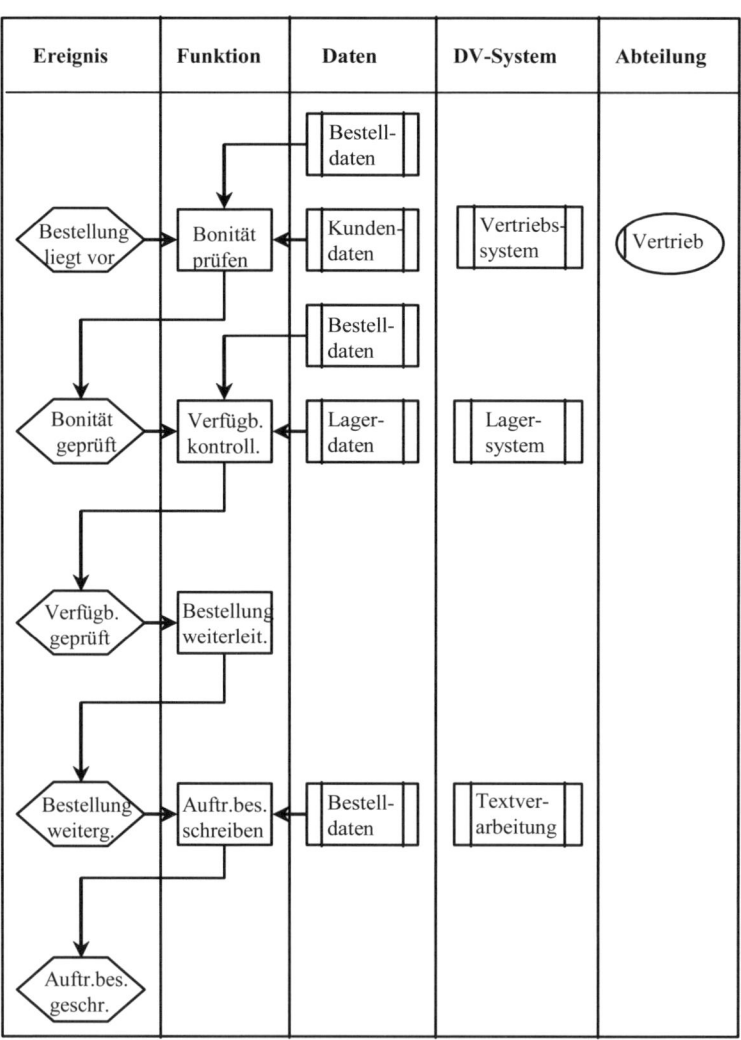

Abb. 114: Vorgangskettendiagramm

Ihr Lernerfolg für Abschnitte 4.3.1 und 4.3.2

Bei der Organisationsgestaltung stehen drei Elemente der Organisation im Brennpunkt: Aufgaben, Aufgabenträger und Informationen. Sie können mit Mengen-, Zeit- und Rauminformationen näher beschrieben werden.

Für die Erhebung der Informationen kann man auf Interviews, Fragebogen, Dokumentenauswertungen und Beobachtungen zurückgreifen, aber auch Multimomentstudien und Selbstaufschreibungen werden eingesetzt.

Das halb standardisierte Interview ist das häufigste Verfahren zur Erhebung. Es sollte in drei Phasen ablaufen: Einleitung zum Aufbau eines positiven Gesprächsklimas, sachliche Erhebung der Informationen und abschließende Erarbeitung einer positiven Schlussstimmung.

Für die Analyse der Aufgaben, Aufgabenträger und Informationen sowie deren Beziehungen kann man verschiedene Instrumente einsetzen:

Mit der ABC-Analyse können Schwerpunkte identifiziert werden, z. B. die Aufgaben, die den höchsten Aufwand verursachen. Die ABC-Analyse kann in vier Schritten erarbeitet werden: Daten erheben, Werte ermitteln, Positionen sortieren, Auswertung und grafische Darstellung des Ergebnisses.

Die Kommunikationsbeziehungen können mit Kommunikationstabelle, Kommunikationsdiagramm und Kommunikationsnetzwerk verdeutlicht werden. Die für die Aufgabenerfüllung erforderlichen Ein- und Ausgabedaten werden mit dem Datenflussplan visualisiert.

Um Abläufe darzustellen, verwendet man Aufgabenfolgepläne, Arbeitsablaufdiagramme, Struktogramme und vor allem die ereignisgesteuerte Prozesskette oder das Vorgangskettendiagramm.

Entscheidungstabellen kommen zum Einsatz, wenn viele Bedingungen zu berücksichtigen sind.

Die ereignisgesteuerte Prozesskette besteht aus Funktionen und Ereignissen, die man um Daten und Organisationen ergänzen kann. Abgebildet werden UND-Verknüpfungen sowie inklusive und exklusive ODER-Verknüpfungen.

Prozessketten werden Topdown modelliert: Die wichtigsten Leistungsprozesse stellt man mit dem Wertschöpfungskettendiagramm dar. Die einzelnen Prozessschritte werden dann im Detail mit der ereignisgesteuerten Prozesskette verdeutlicht.

Aufgaben für Abschnitte 4.3.1 und 4.3.2

32. Welche unterschiedlichen Gestaltungsaspekte sind bei der Optimierung der Organisation zu berücksichtigen?

33. Bei elf Mitarbeitern soll die Belastung durch Telefongespräche ermittelt werden, um die Anschaffung einer neuen modernen Telefonanlage zu begründen. Mit einer Selbstaufschreibung über vier Wochen konnte man die unten stehenden Ergebnisse erfassen. Analysieren Sie für die elf Mitarbeiter die Belastung durch Telefongespräche. Stellen Sie das Ergebnis grafisch dar und interpretieren Sie das Resultat.

Mitarbeiter	Anzahl Telefonate	Durchschnittliche Gesprächsdauer in Min.
1	200	1
2	60	2
3	450	25
4	600	2
5	350	30
6	190	1
7	80	10
8	500	8
9	340	3
10	280	2
11	150	1

Abb. 115: Daten für die ABC-Analyse

34. Erstellen Sie für den folgenden Teil einer Prozesskette ein Vorgangskettendiagramm mit vier Spalten (Ereignis, Funktion, Daten, Abteilung):
Nach Eingang der Kundenanfrage wird diese vom kaufmännischen Vertrieb bearbeitet. Dazu greift der Sachbearbeiter auf gespeicherte Kundendaten und die Anfrage zurück. Anschließend wird das Angebot vom technischen Vertrieb geprüft. Der zuständige Sachbearbeiter benötigt dafür folgende Datenbestände: Betriebsmitteldaten, technische Verfahrensdaten und die Anfragedaten des Kunden.

35. Modellieren Sie den unten skizzierten Geschäftsprozess „Kreditvergabe" mithilfe der ereignisgesteuerten Prozesskette. Verwenden Sie nur die Strukturelemente Ereignis, Funktion und Operator.
Ein guter Bekannter von Ihnen ist Bankdirektor. Er schildert Ihnen folgende Anforderungen für die Bewilligung eines Kredits: Für die Kreditvergabe interessieren der Name des Kunden, seine Geburtsdaten, seine Adresse und die voraussichtliche Höhe des Kredits. Handelt es sich um einen neuen Kunden, müssen zunächst die Stammdaten erfasst werden, andernfalls kann auf diese zugegriffen werden. Die gewünschte Höhe des Kredits muss auf jeden Fall erfasst werden. Danach werden dem Kunden die Konditionen mitgeteilt. Er kann

dann die Dauer der Kreditgewährung sowie die monatlichen Raten auswählen.
Parallel zur Auswahl von Dauer und monatlichen Raten wird der Kreditver-
trag vorbereitet. Der Prozess der Kreditgewährung endet damit, dass der Ver-
trag unterschrieben wird.

4.3.2.3   Methoden der Würdigung

Im Rahmen der Würdigung sucht man nach Stärken und Schwächen eines Prozesses. Dafür werden vorzugsweise Prüffragenkataloge verwendet. Das Pareto-Diagramm ist geeignet, um die wichtigsten Einflussgrößen einer Schwachstelle zu verdeutlichen. Die Ursachenanalyse bei den aufgedeckten Schwachstellen kann mit dem Ishikawa-Diagramm und dem Ursache-Wirkungs-Diagramm unterstützt werden.

4.3.2.3.1   Prüffragenkataloge

Prüffragenkataloge, auch als Checklisten bezeichnet, beinhalten Fragen, durch deren Beantwortung Schwachstellen offenkundig werden sollen. Sie stellen sicher, dass man mögliche Probleme nicht übersieht. Die Entwicklung von anwendbaren Prüffragenkatalogen ist aufwendig und nicht einfach. Sie müssen für das Unternehmen und die Einsatzbereiche gut angepasst werden. Die Fragen sind möglichst einfach und verständlich zu formulieren, um Fehlinterpretationen zu verhindern. Man muss sich bewusst sein, dass Prüffragenkataloge nur bereits bekannte Schwachstellen beinhalten.

Vorteilhaft ist es, wenn erfahrene Projektmitarbeiter die Checklisten erstellen und nach jedem abgeschlossenen Organisationsprojekt um die neuen Erkenntnisse ergänzen. Checklisten können auch von Unternehmensberatungen erworben werden. Sie sind zudem in diversen Fachpublikationen enthalten. Nachstehend einige Fragen aus einem Prüffragenkatalog für die Analyse von Aufgaben: [29]

1.   Kommen einzelne Aufgaben so regelmäßig und häufig vor, dass sie besser einem spezialisierten Aufgabenträger zugewiesen werden sollten?

2.   Ist die Reihenfolge der einzelnen Aufgaben zweckmäßig?

3.   Sollte die Aufgabe besser von einer anderen Stelle ausgeführt werden, z. B. um Kosten zu sparen?

4.   Ist der Arbeitsfluss so günstig gestaltet, dass die Durchlaufzeit möglichst gleich der Bearbeitungszeit ist?

5.   Sind Sie mit dem Arbeitsklima in Ihrer Abteilung und im gesamten Betrieb zufrieden?

6.   Sind Fluktuation und Fehlzeiten unter dem Branchendurchschnitt?

---

[29]   In Anlehnung an Acker, H., Organisationsanalyse, 7. Aufl., Baden-Baden/Bad Homburg 1973, und Grochla, E., Lippold, H., Breithardt, J., Prüflisten zur Schwachstellenermittlung in Büro und Verwaltung, Baden-Baden 1986.

7. Ist die Leistungsbereitschaft der Mitarbeiter zufriedenstellend?

8. Wird bei erkennbarer Unzufriedenheit der Mitarbeiter konsequent und zeitnah nach den Ursachen geforscht?

4.3.2.3.2   Ursache-Wirkungs- und Pareto-Diagramm

Das **Ursache-Wirkungs-Diagramm**, auch als Ishikawa- oder Fischgräten-Diagramm bezeichnet, erklärt die Entstehung problematischer Situationen, deren Ursachen und Abhängigkeiten. Ausgangspunkt ist ein bekanntes Problem. Mithilfe von Kreativitätstechniken sammelt man mögliche Haupt- und Nebenursachen und visualisiert sie. Die visuelle Darstellung erleichtert es, weitere Detailursachen zu erkennen (vgl. Abb. 116).

Mit dem **Pareto-Diagramm** erkennt man die wichtigsten Ursachen eines Problems (vgl. Abb. 119). Dadurch können Maßnahmen und Aktionen gezielt geplant werden. Die Problemursachen werden absteigend nach ihrer Bedeutung sortiert und dann deren absolute Häufigkeit des Auftretens auf der Abszisse des Pareto-Diagramms von links nach rechts abgetragen. Zur Verdeutlichung wird in der Regel eine Konzentrationskurve ergänzt. Dafür wird auf der rechten Seite eine zweite senkrechte Achse angelegt, die die kumulierten Prozentanteile anzeigt.

Die folgende Fallbeschreibung verdeutlicht den Einsatz von Ursache-Wirkungs- und Pareto-Diagramm: [30]

 In einer großen Bank wurden pro Tag 500 Telefonate mit Kunden registriert. Um den Kundenservice zu verbessern, untersuchte man über einen längeren Zeitraum die Abwicklung von Telefonaten. Dabei stellte sich heraus, dass Mitarbeiter Kundenanrufe häufig nicht sofort annahmen. Die meisten Kunden legten spätestens nach dem fünften Läuten auf. Einige Kunden waren so irritiert, dass sie nicht mehr anriefen. Daraufhin setzte man sich das Ziel, auf einen Kundenanruf spätestens nach dem zweiten Läuten zu reagieren. Zunächst mussten die Gründe für das beschriebene Problem gefunden werden. Die Mitglieder der Projektgruppe dokumentierten die Ursachen mit einem Ursache-Wirkungs-Diagramm.

---

[30]   Masaaki, I., Kaizen, 7. Aufl., Frankfurt 1993, S. 80 ff.

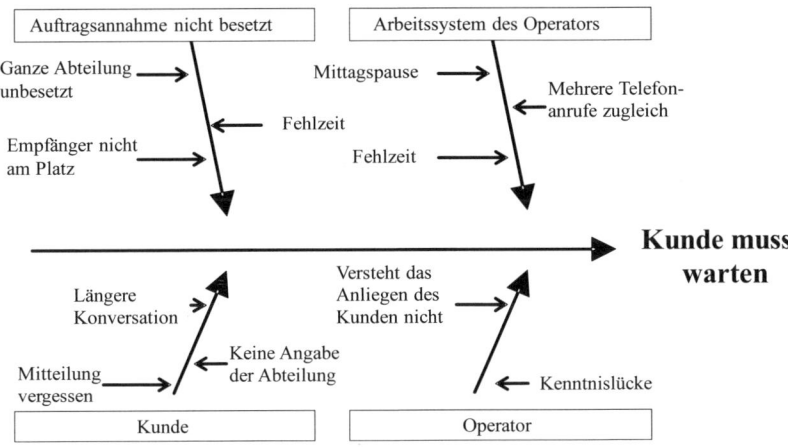

Abb. 116: Ishikawa-Diagramm zur Problemdarstellung

Um die vermuteten Ursachen des Problems zu verifizieren, hielten die Telefonisten mithilfe einer Strichliste ihre Beobachtungen während eines Zeitraums von zwölf Tagen fest. Folgende Ergebnisse wurden ermittelt:

	Ganze Abteilung unbesetzt	**Empfänger nicht am Platz**	**Nur ein Telefonist**	. . .	**Summe**
4. Juni	////	///// /	///// ///// /	. . .	24
5. Juni	/////	///// ///	///// ///// ////	. . .	32
6. Juni	///// /	////	///// ///// //	. . .	28
. . .	. . .	. . .	. . .	. . .	
15. Juni	/////	/////	///// ///	. . .	25

Abb. 117: Strichliste für die Ursachenermittlung

Die Auswertung der Strichlisten ergab folgendes Ergebnis:

		Angaben pro Tag	**Angaben gesamt**	**in Prozent kumuliert**
A	Nur ein Telefonist (Partner nicht am Platz)	14,3	172	49,0
B	Empfänger nicht am Platz	6,1	73	71,2
C	Ganze Abteilung unbesetzt	5,1	61	87,1
D	Anrufer kann Abteilung und Empfänger nicht benennen	1,6	19	92,5
E	Geeigneter Ansprechpartner muss erst ermittelt werden	1,3	16	97,0
F	Andere Gründe	0,8	10	100,0
	Summe	29,2	351	

Abb. 118: Auswertung der Strichliste

Um die Aussagekraft der Ergebnisse zu erhöhen, wurde zusätzlich zur Tabelle in Abb. 118 ein Pareto-Diagramm erstellt.

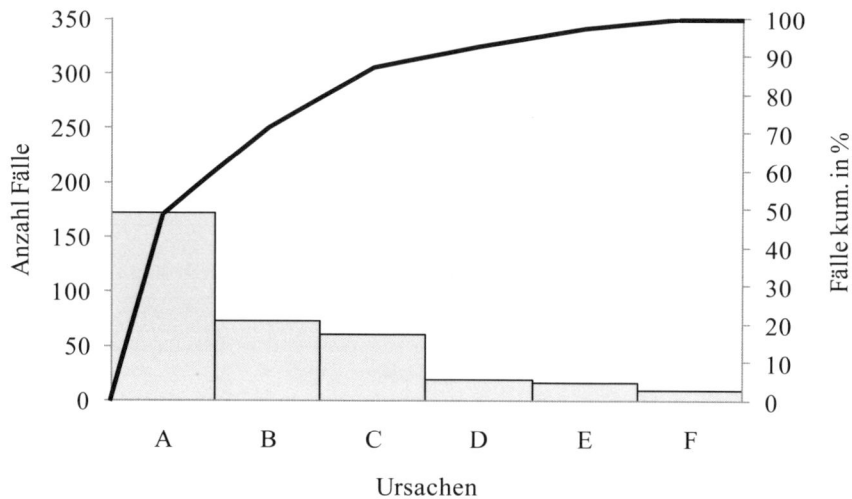

Abb. 119: Pareto-Diagramm für die Ursachenanalyse

Die Analyse ergab ein überraschendes Ergebnis. Die Ursache für lange Wartezeiten war in den meisten Fällen, dass die Telefonzentrale nur mit einem Telefonisten (in Abb. 116 als Operator bezeichnet) besetzt war. Der Telefonist konnte die vielen gleichzeitig ankommenden Gespräche nicht alleine bewältigen. Daraufhin wurden folgende Maßnahmen eingeleitet:

- *Bisher war die Mittagspause nur zweimal versetzt, sodass der eine von zwei Telefonisten während dieser Zeit alleine war. Die Bank führte eine dreifach versetzte Mittagspause ein. Dadurch war es möglich, einen Angestellten aus der Verwaltung während der Mittagszeit als Aushilfe einzusetzen.*
- *Mitarbeiter, die ihren Arbeitsplatz vorübergehend verließen, mussten angeben, wohin sie gehen. Dadurch konnte der Telefonist Gespräche zielgerichtet weiterleiten.*
- *Die Telefonisten erhielten eine Liste mit den Namen und Funktionen aller Mitarbeiter, um den richtigen Ansprechpartner für den Kunden in kurzer Zeit identifizieren zu können.*

Das Ergebnis der Maßnahmen wurde während einer zwölf Tage dauernden Kontrollperiode überprüft. Man sah, dass die getroffenen Maßnahmen erfolgreich waren (vgl. Abb. 120).

		Angaben gesamt	in Prozent
A	Nur ein Telefonist (Partner nicht am Platz)	15	25,4
B	Empfänger nicht am Platz	17	28,8
C	Ganze Abteilung unbesetzt	20	33,9
D	Anrufer kann Abteilung und Empfänger nicht benennen	4	6,8
E	Geeigneter Ansprechpartner muss erst ermittelt werden	3	5,1
F	Andere Gründe	0	0,0
	Summe	59	100,0

Abb. 120: Ergebnis der Kontrolluntersuchung

4.3.2.4   Methoden der Lösungssuche

Nach der Würdigung erarbeitet man Lösungen für die Beseitigung der erkannten Schwachstellen. Die Lösungssuche ist ein sehr kreativer Prozess, der mit den Kreativitätstechniken unterstützt werden kann. Einige häufig verwendete Verfahren werden im Folgenden kurz erläutert:

Brainstorming

Der Mensch neigt dazu, Bewährtes immer wieder anzuwenden. Dadurch werden ungewöhnliche Ideen für die Problemlösung nicht berücksichtigt. Das Ziel des Brainstorming ist es, dieses starre Verhaltensmuster zu überwinden. Eine Gruppe von 5 bis 12 Teilnehmern sucht dabei gemeinsam nach neuen Einfällen. Zu Beginn der Brainstorming-Sitzung, die 60 Minuten nicht überschreiten sollte, wird die Fragestellung allen Teilnehmern vor Augen geführt. Der Moderator weist auch auf die Spielregeln hin, die es einzuhalten gilt:

- Keine Kritik und keine Bewertung der vorgebrachten Ideen.
- Möglichst viele, besonders auch ungewöhnliche Einfälle sollen gesammelt werden.
- Die vorgebrachten Ideen sind weiterzuentwickeln.

Während der Brainstorming-Sitzung motiviert und stimuliert der Moderator die Teilnehmer. Es ist darauf zu achten, dass sich jeder aktiv an der Ideensammlung beteiligt. Abschließend sollte der Moderator die Ergebnisse der Sitzung auch optisch zusammenfassen.

Methode 635

Im Unterschied zum Brainstorming werden bei diesem Verfahren die Ideen nicht mündlich, sondern schriftlich festgehalten. Die Bezeichnung 635 ergibt sich aus **sechs Teilnehmern**, die **drei Ideen** aufschreiben und **fünfmal im Uhrzeigersinn weitergeben**. Aufbauend auf den vorliegenden Gedanken sind jeweils drei weitere Ideen zu ergänzen.

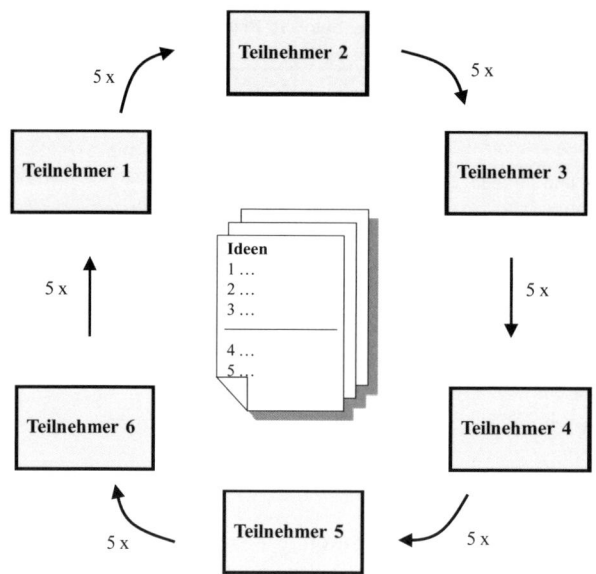

Abb. 121: Methode 635

Die Methode 635 eignet sich besonders zur Weiterentwicklung der im Brainstorming ge-
sammelten Ideen.

Ferien auf Grönland [31]

Teilnehmer 1	Idee 1	Idee 2	Idee 3
	Im Iglu schlafen	Eisbären-Fotosafari	Fische-Fress-Fest

Teilnehmer 2	Idee 4 (abgeleitet aus Idee 1)	Idee 5 (abgeleitet aus Idee 2)	Idee 6 (abgeleitet aus Idee 3)
	Iglu selber bauen	Fotolabor vor Ort	Fischrezept-Wettbewerb

Teilnehmer 3	Idee 7 (abgeleitet aus Idee 4)	Idee 8 (abgeleitet aus Idee 5)	Idee 9 (abgeleitet aus Idee 6)
	Iglubau-Wettbewerb	Eisbär aus Eis model-lieren	Fischestechen im arktischen Eis

usw.

Abb. 122: Beispiel für die Methode 635

---

[31] Pepels, W., Handbuch Moderne Marketingpraxis, Bd. 2: Die Instrumente im Marketing, Düsseldorf 1993.

Morphologischer Kasten

Der morphologische Kasten ist eine Matrix, in deren Zeilen wichtige Einflussgrößen einer Problemlösung stehen (vgl. Abb. 123). Die Spalten enthalten für jede Einflussgröße die möglichen Ausprägungen. Die Sammlung der Ausprägungen kann durch Brainstorming erfolgen. Durch Kombination verschiedener Ausprägungen ist es möglich, kreative Lösungen für ein Problem zu entdecken. Um einen morphologischen Kasten zu erstellen, geht man am besten wie folgt vor:[32]

- Problem exakt beschreiben
- Einflussgrößen für das Problem ermitteln
- Mögliche Ausprägungen pro Einflussgröße mittels Brainstorming sammeln
- Auswahl aller möglichen Lösungen
- Bewertung der Lösungen (vgl. Kap. 4.3.2.5)
- Auswahl und Realisierung der besten Lösung

Einfluss-größe	Ausprägungen			
Antrieb	Motor	**Wasserstoff**	Körperkraft	Solarzelle
Transportgut	Menschen	Güter	**Menschen und Güter**	
Transportweg	**Luft**	Straße	Schiene	Wasser
Steuerung durch	**Automatisches Programm**	Zentrales Steuerpult	Fahrer	Insasse

Abb. 123: Morphologischer Kasten zur Auswahl eines Beförderungsmittels der Zukunft für Ballungsräume mit Auswahl einer möglichen Lösung

Mind Mapping

Mind Maps unterstützen den Denkprozess durch die grafische Visualisierung der Gedanken. Sie helfen, komplexe Informationen schnell und übersichtlich zu strukturieren und darzustellen. In kurzer Zeit kann man verborgene Ideen an den Tag fördern. Die Bedeutung jeder Idee wird für die Teilnehmer ersichtlich. Neue Ideen können leicht ergänzt werden. Folgende Vorgehensweise ist zu empfehlen:

- Im Zentrum steht das zentrale Hauptthema
- Ideen sammeln und vom Zentrum nach außen aufschreiben (vom Allgemeinen zum Speziellen)
- Mind Map verfeinern
- Möglichst einzelne Schlüsselwörter verwenden, keine Sätze
- Zusammenhang einzelner Ideen mit Pfeilen verdeutlichen

---

[32] Pepels, W., Die Kreativitätstechniken, WISU 10 (1996), S. 871.

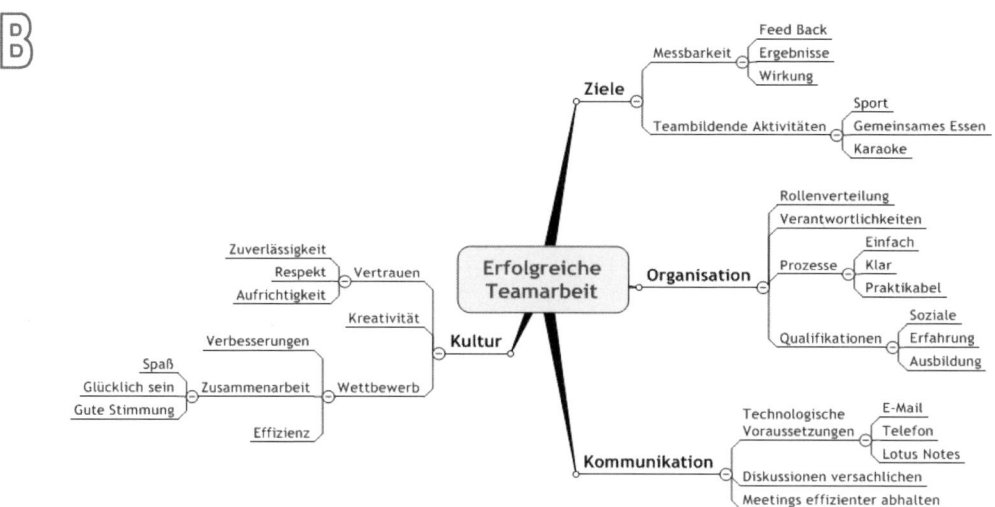

Abb. 124: Beispiel einer Mind Map

4.3.2.5   Methoden der Bewertung und Auswahl

Hat man mehrere Lösungsalternativen, so müssen diese vor dem Hintergrund der Ziele bewertet werden, um die günstigste Variante bestimmen zu können. Abb. 125 zeigt eine Übersicht über quantitative Verfahren zur Bestimmung der Wirtschaftlichkeit.

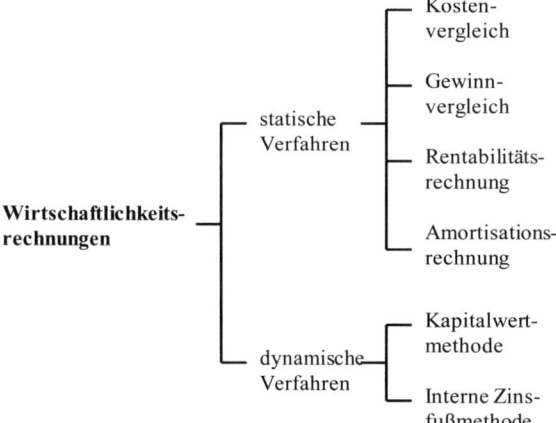

Abb. 125: Quantitative Verfahren zur Bestimmung der Wirtschaftlichkeit

Häufig reicht es nicht aus, nur „harte" Bewertungskriterien wie Kosten für die Auswahl einer Lösung heranzuziehen. Gerade im organisatorischen Bereich müssen auch qualitative Einflussgrößen, wie z. B. Entscheidungsqualität, Mitarbeiterzufriedenheit, Zuverlässigkeit und Serviceangebot, berücksichtigt werden. In diesem Fall liefern die rein quantitativ ausgerichteten Wirtschaftlichkeitsverfahren kein befriedigendes Ergebnis. Eine bessere Entscheidungsgrundlage kann man sich mit der Nutzwertanalyse erarbeiten.

In der Nutzwertanalyse wird ein Punktwert für alle infrage kommenden Alternativen, differenziert nach Zielen, ermittelt. Dieser Punktwert ist ein Indikator für den Nutzen einer Lösungsvariante.

Die Nutzwertanalyse wird in sechs Schritten durchgeführt:

1. Ziele bestimmen
2. Ziele gewichten
3. Punkte für die Alternativen vergeben
4. Gewichte mit den zugehörigen Punkten multiplizieren
5. Gewichtete Punktgesamtsumme ermitteln
6. Sensitivität des Ergebnisses analysieren

Die Nutzwertanalyse kann zu einer Kosten-Nutzen-Analyse erweitert werden, indem man die voraussichtlichen Kosten auf die Punkte einer Nutzwertanalyse bezieht. Diejenige Alternative mit den geringsten Kosten pro Punkt ist vorteilhaft.

Die Rad AG möchte im Zuge der Gestaltung ihrer Geschäftsprozesse auch die IT-Unterstützung verbessern. Die alten Programme wurden vor zehn Jahren selbst programmiert und genügen nicht mehr den heutigen Anforderungen. Zwei Alternativen stehen zur Diskussion:

1. Aufbauend auf den vorhandenen Anwendungen entwickelt die IT-Abteilung eine eigene maßgeschneiderte Lösung.
2. Es wird eine komplexe Standardsoftware eingeführt.

Mit einer Nutzwertanalyse soll die beste Alternative bestimmt werden. Nachdem man sich über die Projektziele im Klaren ist, wird mit der Nutzwertanalyse eine Bewertung der beiden Alternativen vorgenommen. Die Punkte und Gewichte erarbeiten die Entscheidungsträger gemeinsam in einem Workshop.

Muss-Ziel	Alternativen				
	Eigen-entwicklung			Standard-software	
Investitionssumme unter 2 Mio.	erfüllt			erfüllt	
Kann-Ziele	**G**	**P**	**GxP**	**P**	**GxP**
Organisatorische Ziele					
- Rationelles Arbeiten	6	10	60	5	30
- Benutzerfreundlichkeit	4	4	16	7	28
Softwareziele					
- Unterstützung der Geschäftsprozesse	25	10	250	7	175
- Fehlerfreiheit	5	4	20	10	50
- Zuverlässigkeit	10	5	50	10	100
- Zukunftssicherheit	5	6	30	10	50
- Service	3	6	18	8	24
- Datensicherheit	5	6	30	10	50
Hardwareziele					
- Vernetzungsmöglichkeiten	10	6	60	8	80
- Kompatibel zu vorhandener Hardware	5	10	50	0	0
Wirtschaftlichkeitsziele					
- Preis-/Leistungsverhältnis	15	6	90	8	120
- Laufende Kosten	7	7	49	9	63
Summe	100		723		770

G = Gewicht, P = Punkte

Abb. 126: Beispiel einer Nutzwertanalyse

Im Beispiel wird ein Gesamtgewicht von 100 auf die einzelnen Ziele verteilt. Die Zielerfüllung einer Alternative bewertet man mit Punkten zwischen null und zehn. Das Ergebnis der im Beispiel verwendeten Nutzwertanalyse zeigt aufgrund der höheren Punktsumme, dass Standardsoftware einzuführen ist. Durch Änderungen der Ausgangsdaten könnte man feststellen, wie robust das Ergebnis ist (Sensitivitätsanalyse).

Ihr Lernerfolg für die Abschnitte 4.3.3 bis 4.3.5

Die Stärken und Schwächen eines Prozesses werden im Rahmen der **Würdigung** dargestellt.

Prüffragenkataloge, auch als Checklisten bezeichnet, beinhalten Fragen, durch deren Beantwortung Schwachstellen offenkundig werden.

Ursache-Wirkungs-Diagramme zeigen grafisch die Entstehung problematischer Situationen.

Zur Verdeutlichung der wesentlichen Einflussgrößen einer Schwachstelle wird das Pareto-Diagramm eingesetzt.

Im Rahmen der **Lösungssuche** werden Lösungen für die Beseitigung der erkannten Schwachstellen erarbeitet.

Geeignete Techniken zur Unterstützung der Lösungssuche sind z. B. Brainstorming, Methode 635, Morphologischer Kasten und Mind Mapping.

Im Rahmen der **Bewertung und Auswahl** bewertet man die Lösungsalternativen, mit dem Ziel, die günstigste Variante zu bestimmen.

Eingesetzt werden die Verfahren der Wirtschaftlichkeit und die Nutzwertanalyse. Die Nutzwertanalyse berücksichtigt auch qualitative Einflussgrößen, wie z. B. Entscheidungsqualität, Mitarbeiterzufriedenheit, Zuverlässigkeit und Serviceangebot.

Die Nutzwertanalyse kann zu einer Kosten-Nutzen-Analyse erweitert werden, indem man die voraussichtlichen Kosten auf die Punkte einer Nutzwertanalyse bezieht. Diejenige Alternative mit den geringsten Kosten pro Punkt ist vorteilhaft.

Aufgaben für Abschnitt 4.3.3 bis 4.3.5

36. Ein Großkunde der Flitzer AG reklamiert, dass die gelieferten vormontierten Räder Mängel aufweisen, die erhebliche Nacharbeiten verursachen. Um die schwerwiegendsten Probleme zu erkennen, wurden alle Mängel über einen Beobachtungszeitraum von einem Monat dokumentiert und der Flitzer AG zur Kenntnis gegeben. Ein Pareto-Diagramm soll die Situation verdeutlichen.

Defekte		Anzahl Defekte im letzten Monat
A	Vorderlicht defekt	280
B	Speichen verbogen	40
C	Reifen ohne Luft	70
D	Felgen zerkratzt	65
E	Gabelschafftrohr zu kurz	120
F	Schrauben fehlen	90
G	Bremszüge zu kurz	15
H	Lackschäden	80

Abb. 127: Daten für das Pareto-Diagramm

37. Nennen Sie wichtige Regeln, die beim Brainstorming zu beachten sind.
38. Sie wollen als Regisseur einen ungewöhnlichen Kriminalfilm drehen. Erstellen Sie einen morphologischen Kasten für die Auswahl des Themas und die inhaltliche Ausgestaltung des Films.
39. Sie wollen sich einen neuen Personalcomputer anschaffen. Erstellen Sie für die *Beschaffung des Personalcomputers* eine Nutzwertanalyse, um zu entscheiden, welches Gerät zu kaufen ist.

Lösungshinweise

1. **Was versteht man unter Organisation, Disposition und Improvisation?**
   Unter Organisation versteht man

   - bewusst geschaffene,
   - dauerhafte und
   - allgemeingültige Regelungen.

   Sind Regelungen nicht dauerhaft, sondern nur vorübergehend, spricht man von Improvisation. Fehlt das Merkmal allgemeingültig, handelt es sich um Disposition.

2. **Warum ist es so wichtig, ein ausgewogenes Verhältnis von Organisation, Disposition und Improvisation zu erreichen?**
   Während organisatorische Regelungen einem Unternehmen eine feste Struktur und damit ein Fundament für wirtschaftliches Handeln geben, gewährleisten Improvisation und Disposition Flexibilität und die schnelle Reaktion auf unvorhergesehene Ereignisse.

3. **Welcher Unterschied besteht zwischen Aufbau- und Ablauforganisation?**
   Die Aufbauorganisation befasst sich mit der Struktur eines Unternehmens. Es werden die zu erfüllenden Aufgaben ermittelt und darauf aufbauend Stellen geschaffen, die wiederum zu Abteilungen, Hauptabteilungen usw. verbunden werden. Daraus entstehen die unterschiedlichen Organisationsformen, wie z. B. eine Gliederung des Unternehmens nach Funktionen oder Produktgruppen. Die Ablauforganisation regelt dagegen Arbeitsabläufe (z. B. wie die Beschaffung eines neuen Computers für einen Mitarbeiter vonstattengeht) und Prozesse (z. B. die einzelnen Schritte für die gesamte Bearbeitung eines Kundenauftrags). Man kann die Ablauforganisation auch als den dynamischen Teil der Organisation betrachten.

4. **Welche Fragen sind im Rahmen der Aufbau- und Ablauforganisation zu beantworten?**
   - Welche Aufgaben fallen an und welche Stellen und Abteilungen sind erforderlich, um sie zu erfüllen (Spezialisierung)?
   - Wie kann die Zusammenarbeit der Mitarbeiter und Gruppen im Sinne des Unternehmens gewährleistet werden (Koordination)? Das führt zur Frage, wer Entscheidungen trifft und das Recht hat, Mitarbeitern Weisungen zu erteilen.

Zu klären ist auch, welche Prozesse standardisiert werden sollen. Koordinationsmechanismen halten Organisationen zusammen.

- Wie muss der Grundaufbau der Stellen und Abteilungen aussehen (Konfiguration)?
- Wie stark sind die Arbeiten zu differenzieren, wann und wo werden sie wahrgenommen (Arbeitsteilung)?

Lösungen zu den Aufgaben für Kap. 2.1

5. **Nach welchen Kriterien kann man eine Aufgabe gliedern?**
   - UND-Gliederung sowie ODER-Gliederung der Verrichtung
   - UND-Gliederung sowie ODER-Gliederung des Objekts
   - Gliederung nach dem Rang
   - Gliederung nach der Phase
   - Gliederung nach der Zweckbeziehung

6. **Gliedern Sie die Aufgabe „PKW herstellen" nach Verrichtung und alternativ nach dem Objekt.**

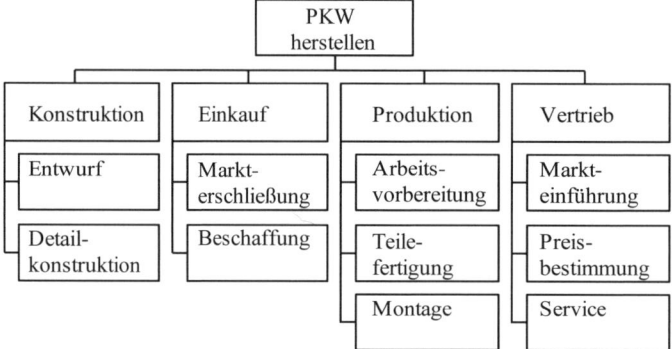

Abb. 128: UND-Verrichtungsgliederung

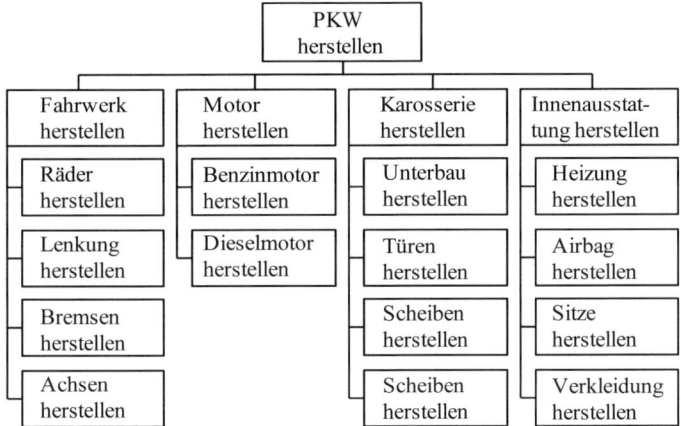

Abb. 129: UND-Objektgliederung

7. Gliedern Sie die Aufgabe „Unternehmen für den Berufseinstieg wählen" nach dem ODER-Objekt. Wählen Sie ein Objekt aus und gliedern Sie dieses weiter nach der UND-Verrichtung.

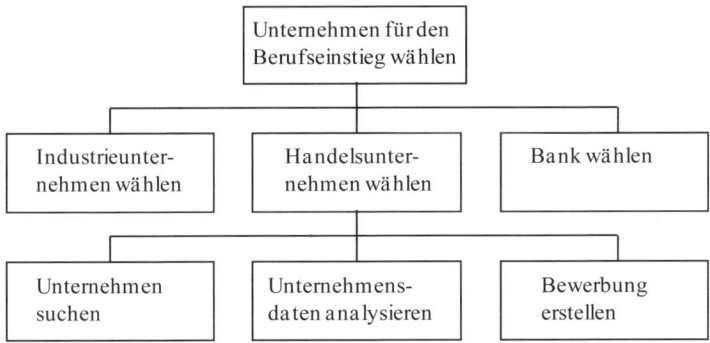

Abb. 130: Aufgabengliederung nach Objekt und Verrichtung

8. Gliedern Sie die Aufgabe „Hochzeit planen" wie folgt:
- **erste Untergliederung nach dem Objekt**
- **zweite Untergliederung nach der Verrichtung**
- **dritte Untergliederung nach dem Objekt (Untergliederung einer Aufgabe der zweiten Gliederungsebene reicht)**

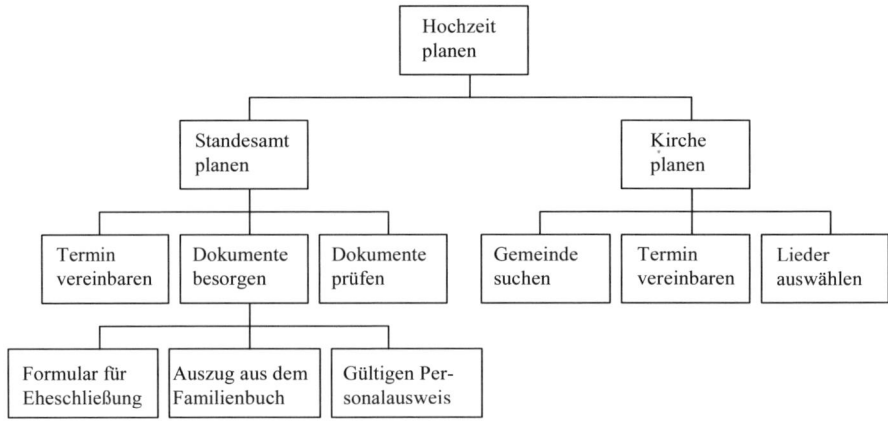

Abb. 131: Aufgabengliederung für die Aufgabe „Hochzeit planen"

Lösungen zu den Aufgaben für Kap. 2.2

9. Bilden Sie anhand der abgebildeten Aufgabenanalyse drei Stellen nach dem Prinzip der Verrichtungszentralisation

Stelle 1: Teile für Rennräder und sonstige Räder bereitstellen

Stelle 2: Teile für Rennräder und sonstige Räder montieren

Stelle 3: Funktion der Rennräder und sonstigen Räder testen

10. Die folgende Abb. enthält das Ergebnis einer Aufgabenanalyse. Bilden Sie auf dieser Grundlage vier Stellen nach dem Prinzip der Verrichtungszentralisation. Fassen Sie die Stellen auch in einer geeigneten Abteilung zusammen

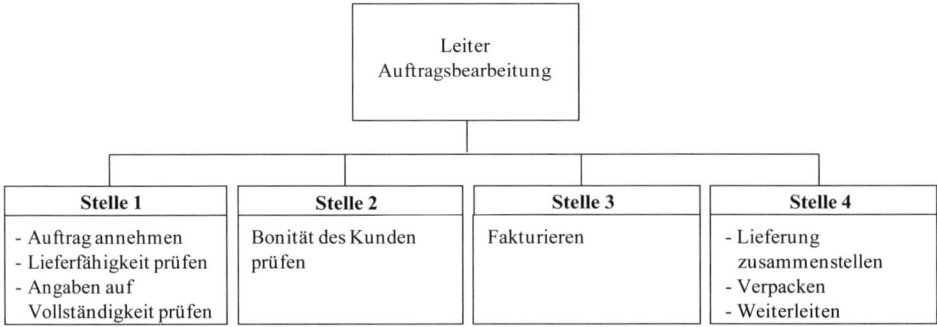

Abb. 132: Stellen- und Abteilungsbildung für die Auftragsbearbeitung

11. Beschreiben Sie Unterschiede zwischen Ausführungsstellen, Instanzen, Stäben und Assistenzstellen.

Eine Instanz hat vor allem Leitungsaufgaben. Der Stelleninhaber ist Generalist. Im Unterschied dazu befasst sich die Ausführungsstelle mit ausführenden Aufgaben. Sie wird mit Spezialisten besetzt. Stäbe und Assistenzen haben im Unterschied zu den Linienstellen unterstützende Aufgaben und besitzen nur Teilkompetenz (keine Entscheidungs- und Anordnungsbefugnisse). Während der Stab mit Spezialisten besetzt ist, sind Assistenzen Stellen, die den Generalisten fordern.

12. Nennen Sie jeweils drei konkrete Beispiele für Ausführungsstellen und Stäbe.

Ausführungsstellen: Buchhalter, Einkäufer, Verkäufer
Stäbe: Organisator, Controller, Mitarbeiter der Rechtsabteilung

13. Was versteht man unter einer Stellenbeschreibung? Nennen Sie wesentliche Inhalte einer Stellenbeschreibung.

Die Stellenbeschreibung beschreibt eine Stelle verbindlich hinsichtlich
- Aufgaben,
- Kompetenzen,
- Zielen und
- ihrer Eingliederung in die organisatorische Struktur des Unternehmens.

14. Erstellen Sie eine Stellenbeschreibung für den Pfarrer im Beispiel „Hochzeit planen".

Stellenbeschreibung des Pfarrers	
Bezeichnung der Stelle Pfarrer der Gemeinde XY	**Rang der Stelle** Pfarrer A13
Direkt unterstellte Mitarbeiter 1. Sekretärin 2. Haushälterin	**Vorgesetzter** Dekan
Ziel der Stelle Seelsorgerische Betreuung der Gemeinde XY	**Befugnisse** Genehmigung von Ausgaben bis zur Höhe von 1.000 EUR
Anforderungen an den Stelleninhaber Studium der ev. Theologie	
Kommunikationsbeziehungen Wöchentliche Besprechungen mit dem Dekan und dem Kirchengemeinderat	
Hauptaufgaben - Planung und Durchführung liturgischer Feiern im Kirchenjahr - Seelsorgliche Begleitung von Einzelnen, besonders bei Krankheit - Beerdigungsdienste, Taufen, Hochzeiten, Konfirmationen - Bibelarbeit - Religionsunterricht - Jugendarbeit - Altenseelsorge	

Datum   Unterschrift
           Dekan   Unterschrift
                    Pfarrer	

Abb. 133: Stellenbeschreibung für einen Pfarrer

Lösungen zu den Aufgaben für Kap. 2.3

15. Wie erfolgt die Bildung von Abteilungen?
Eine Abteilung wird gebildet, indem man Stellen zusammenfasst und eine verantwortliche Abteilungsleitung bestimmt.

16. Was verstehen Sie unter der Leitungsspanne und wovon hängt sie ab?

Mit Leitungsspanne bezeichnet man die Zahl der direkt untergebenen Stellen. Sie hängt z. B. von der Komplexität der Aufgaben, der Qualifikation der Mitarbeiter, der Art des Führungsstils, dem Umfang und der Art der verfügbaren Hilfsmittel, der Hierarchieebene, der Qualifikation der Instanz und der Unterstützung durch Stabsstellen ab.

17. Wie ist ein Funktionendiagramm aufgebaut?

Das Funktionendiagramm verbindet das Organigramm mit der Aufgabengliederung. Es enthält vertikal ein Blockorganigramm, horizontal eine auch in Blockform dargestellte Aufgabengliederung. Außerdem wird durch Symbole oder Buchstaben verdeutlicht, inwiefern eine Stelle an der Erfüllung einer Aufgabe beteiligt ist.

18. Erstellen Sie ein Funktionendiagramm für das Beispiel „Hochzeit planen".

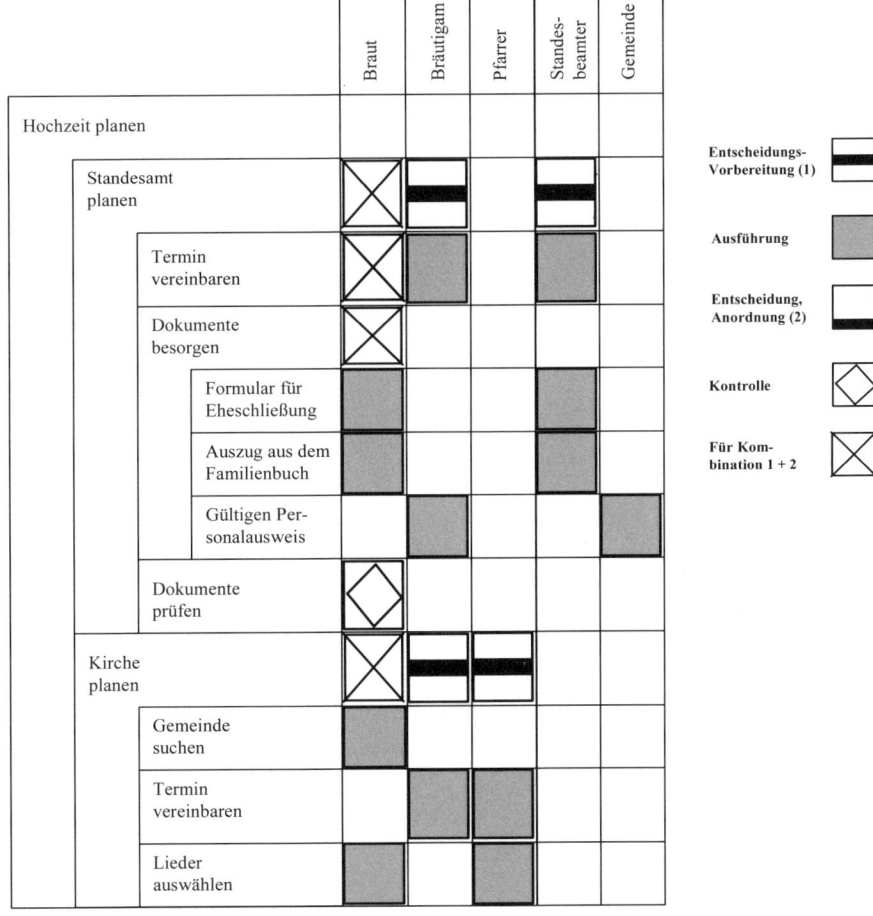

Abb. 134: Funktionendiagramm für eine Hochzeit

Lösungen zu den Aufgaben für Kap. 2.4

19. Wandeln Sie die bestehende Organisation der Rad AG in eine Organisation um, die die geforderten Ansprüche erfüllt, und erläutern Sie Ihren Lösungsvorschlag.

Für die Rad AG ist aufgrund des sehr unterschiedlichen Produktspektrums die divisionale Organisation mit ergebnisverantwortlichen Profit Centern gut geeignet. Damit wäre eine klare Zuordnung der Ergebnisse zu den einzelnen Divisionen möglich. Die Abteilung FuE könnte man als zentralen Stab ausgestalten, sodass alle Divisionen die Ressourcen dieser Abteilung gemeinsam nutzen können.

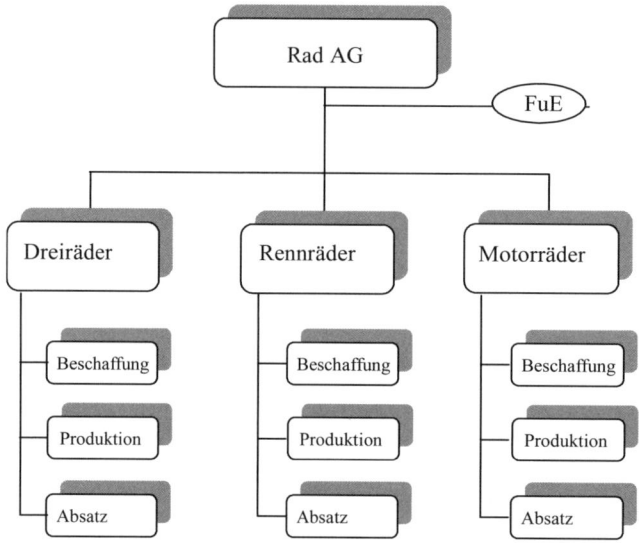

Abb. 135: Divisionale Organisation der Rad AG

20. Erläutern Sie Einlinien-, Mehrlinien- und Stabliniensystem.

Im Einliniensystem erhält eine Stelle nur von **einer** übergeordneten Instanz Weisungen. Dagegen ist im Mehrliniensystem eine Stelle **mehreren** übergeordneten Instanzen unterstellt. Das Stabliniensystem ist eine Sonderform des Einliniensystems. Zusätzliche Stäbe unterstützen die Instanzen bei deren Aufgabenerfüllung.

21. Worin unterscheiden sich Profit Center, Cost Center und Investment Center?

Cost Center verantworten die Kosten, Profit Center den erzielten Gewinn oder Deckungsbeitrag und Investment Center zusätzlich auch die erzielte Rentabilität.

22. **Die Geschäftsführung der Rad AG beauftragt Sie als Projektleiter mit der Einführung einer neuen leistungsfähigen Software für das gesamte Rechnungswesen und den Vertrieb. Der Leiter des Vertriebs steht allen Neuerungen skeptisch gegenüber. Er hält das neue Projekt für Zeit- und Geldverschwendung. Zudem ist Ihnen bekannt, dass in den letzten beiden Jahren in größerem Umfang Personal abgebaut wurde, um Kosten zu sparen. Dies führte dazu, dass vor allem die Abteilungen IT und Rechnungswesen mit Arbeit überlastet sind.**
    Welche Projektorganisation würden Sie empfehlen? Begründen Sie dies und beschreiben Sie die wesentlichen Merkmale dieser Organisationsform.
    Die reine Projektorganisation wäre im beschriebenen Fall sehr gut geeignet. Durch die klaren Zuständigkeiten und Weisungsbefugnisse des Projektleiters würde der Vorstand nicht mit Detailentscheidungen belastet. Im Fall einer Matrixprojektorganisation kann es immer wieder zu Unstimmigkeiten kommen, die der Vorstand lösen muss. Auch der Gesichtspunkt, dass ressortpolitische Einflüsse auf das Projekt minimiert werden sollen, spricht für die reine Projektorganisation. Der Leiter des Vertriebs hätte bei dieser Organisationsform nur vergleichsweise geringe Einflussmöglichkeiten. Die reine Projektorganisation bietet zudem die Möglichkeit, externe Mitarbeiter in das Projektteam einzubinden. Damit wären weniger Personen aus den stark belasteten Fachabteilungen für die Projektaufgaben abzuziehen. Zuletzt ist festzustellen, dass mit der reinen Projektorganisation im Vergleich zu den anderen Organisationsformen die beste Leistung erzielt werden kann.

Lösungen zu den Aufgaben für Kap. 3

23. **Erklären Sie die wesentlichen Unterschiede zwischen der Organisation von Geschäftsprozessen und der traditionellen Organisation.**
    Bei der traditionellen Organisationsgestaltung wird erst die Aufbauorganisation festgelegt. Dafür richtet man, ausgehend von einer Aufgabenanalyse, Stellen und Abteilungen ein. Anschließend werden Abläufe konzipiert. Bei prozessorientierten Organisationsvorhaben gestaltet man die Abläufe und Prozesse vor der Stellenbildung. Es gilt der Grundsatz „structure follows process follows strategy".

24. **Welche wichtigen Ziele verfolgt man mit der Gestaltung von Prozessen?**
    - Minimierung der Durchlaufzeit
    - Maximierung der Kapazitätsauslastung
    - Erhöhung der Flexibilität
    - Verbesserung der Qualität
    - Erhöhung der Termintreue
    - Senkung von Kosten

25. Was versteht man unter dem Dilemma der Ablauforganisation?

Zwischen den Zielen Maximierung der Kapazitätsauslastung und Minimierung der Durchlaufzeiten besteht ein Zielkonflikt.

26. Beschreiben Sie die Problematik der Durchlaufzeit

Die Durchlaufzeit setzt sich aus Bearbeitungs,- Liege- und Transportzeiten zusammen. Problematisch ist der hohe Anteil der Liegezeiten, der oftmals bis 90 Prozent der gesamten Durchlaufzeit beträgt.

Lösungen zu den Aufgaben für Kap. 4.1 und 4.2

27. In welchen Schritten geht man bei der Gestaltung der Organisation vor?

- Projektplanung und Festlegung des Projektauftrags
- Erhebung und Analyse
- Würdigung
- Lösungssuche
- Bewertung und Auswahl
- Realisierung, Einführung und Pflege

28. Welche Merkmale hat ein Projekt?

Ein Projekt ist zeitlich, finanziell und personell begrenzt, hat ein festgelegtes Ziel, ist keine Routineaufgabe, wird von bereichsübergreifenden Teams bearbeitet, ist oftmals umfangreich und mit Unsicherheit und Risiko behaftet.

29. Erklären Sie den Begriff des Projektmanagements.

Projektmanagement umfasst alle Leitungsaufgaben und Instrumente für die Planung, Steuerung und Kontrolle eines Projekts. Im Rahmen des Projektmanagements werden das „WAS", „WIE" und „WER" eines Projektes festgelegt.

30. Welche Aufgaben umfasst die Projektplanung?

Projektplanung beinhaltet die folgenden Planungsaufgaben: Festlegung der Projektziele und schriftliche Dokumentation des Projektauftrags, Definition der Projektphasen, Bestimmung der Projektstruktur und der Risiken, Schätzung des Aufwands, Terminierung der Arbeitspakete und Meilensteine, Ressourcenzuordnung und Kalkulation der Projektkosten.

31. In welchen Schritten erfolgt die Projektkontrolle?

Die Projektkontrolle umfasst im Einzelnen die Ermittlung der Ist-Daten, die Gegenüberstellung der entsprechenden Plan-Daten, die Untersuchung der aufgetretenen Abweichungen, mit dem Ziel, deren Ursachen herauszufinden, und gegebenenfalls die Planung und Einleitung von Gegenmaßnahmen.

Lösungen zu den Aufgaben für die Abschnitte 4.3.1 und 4.3.2

32. Welche unterschiedlichen Gestaltungsaspekte sind zu berücksichtigen?

Aufgabenträger, Aufgaben, Informationen und Sachmittel sind die Aspekte, die es bei der organisatorischen Gestaltung zu berücksichtigen gilt.

33. Bei elf Mitarbeitern soll die Belastung durch Telefongespräche ermittelt werden, um die Anschaffung einer neuen modernen Telefonanlage zu begründen. Mit einer Selbstaufschreibung über vier Wochen konnte man die unten stehenden Ergebnisse ermitteln. Analysieren Sie für die elf Mitarbeiter die Belastung durch Telefongespräche. Stellen Sie das Ergebnis grafisch dar und interpretieren Sie das Resultat.

Wertermittlung

Mitarbeiter	Gesprächsdauer pro Monat in Min.	Wertanteil in %
1	200	0,67
2	120	0,40
3	11250	37,51
4	1200	4,00
5	10500	35,01
6	190	0,63
7	800	2,67
8	4000	13,34
9	1020	3,40
10	560	1,87
11	150	0,50
	29990	100,00

Abb. 136: Wertermittlung für die ABC-Analyse der Telefongespräche

Sortierung

Mitarbeiter	Gesprächsdauer pro Monat in Min.	Gesprächsdauer kumuliert	Wertanteil in %	Wertanteil kumuliert
3	11250	11250	37,51	37,51
5	10500	21750	35,01	72,52
8	4000	25750	13,34	85,86
4	1200	26950	4,00	89,86
9	1020	27970	3,40	93,26
7	800	28770	2,67	95,93
10	560	29330	1,87	97,80
1	200	29530	0,67	98,47
6	190	29720	0,63	99,10
11	150	29870	0,50	99,60
2	120	29990	0,40	100,00
	29990		100,00	

Abb. 137: Sortierung der Daten für die ABC-Analyse der Telefongespräche

Auswertung

Mitarbeiter	Wertanteil kumuliert	Positionsanteil kumuliert	Klassifizierung
3	37,51	9,09	A
5	72,52	18,18	A
8	85,86	27,27	B
4	89,86	36,36	B
9	93,26	45,45	B
7	95,93	54,55	C
10	97,80	63,64	C
1	98,47	72,73	C
6	99,10	81,82	C
11	99,60	90,91	C
2	100,00	100,00	C

Abb. 138: Auswertung der Daten für die ABC-Analyse der Telefongespräche

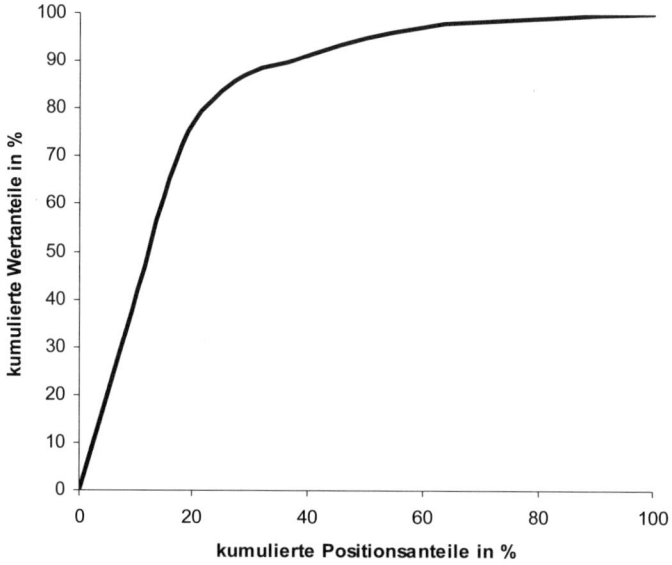

Abb. 139: Grafische Darstellung der ABC-Analyse der Telefongespräche

18 Prozent der Mitarbeiter verursachen 72 Prozent der gesamten Dauer aller Telefongespräche. Man kann bereits mit 45 Prozent der Mitarbeiter 93 Prozent der Dauer aller Telefongespräche erklären.

34. Erstellen Sie für den folgenden Teil einer Prozesskette ein Vorgangsketten-diagramm mit vier Spalten (Ereignis, Funktion, Daten, Abteilung):

Nach Eingang der Kundenanfrage wird diese vom kaufmännischen Vertrieb be-arbeitet. Dazu greift der Sachbearbeiter auf gespeicherte Kundendaten und die Anfrage zurück. Anschließend wird das Angebot vom technischen Vertrieb geprüft. Der zuständige Sachbearbeiter benötigt dafür folgende Datenbestände: Betriebs-mitteldaten, technische Verfahrensdaten und die Anfragedaten des Kunden.

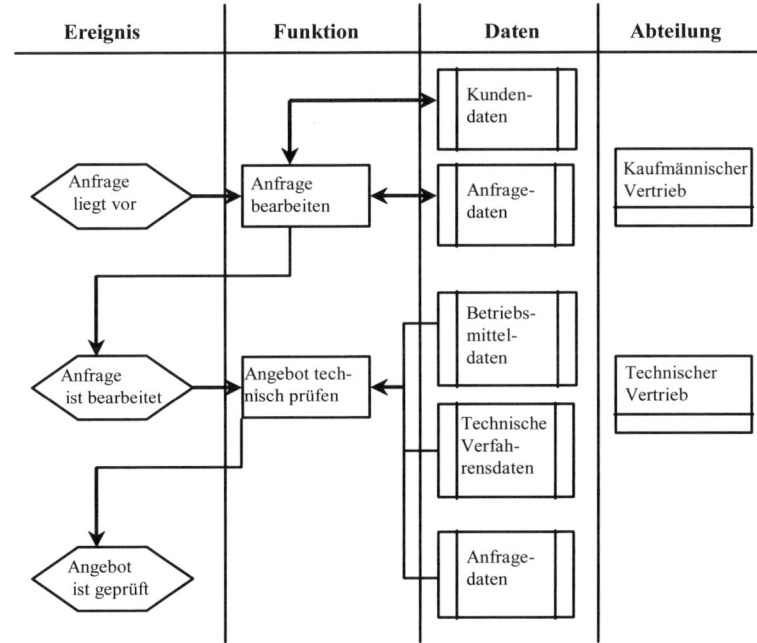

Abb. 140: Vorgangskettendiagramm für die Angebotsbearbeitung

35. Modellieren Sie den unten skizzierten Geschäftsprozess „Kreditvergabe" mithilfe der ereignisgesteuerten Prozesskette. Verwenden Sie nur die Struk-turelemente Ereignis, Funktion und Operator.

Für die Kreditvergabe interessieren der Name des Kunden, seine Geburtsdaten, seine Adresse und die voraussichtliche Höhe des Kredits. Handelt es sich um einen neuen Kunden, müssen zunächst die Stammdaten erfasst werden, andernfalls kann auf diese zugegriffen werden. Die gewünschte Höhe des Kredits muss auf jeden Fall erfasst werden. Danach werden dem Kunden die Konditionen mitgeteilt. Er kann sich dann die Dauer der Kreditgewährung sowie die monatlichen Raten auswählen. Parallel zur Auswahl von Dauer und monatlichen Raten wird der Kre-ditvertrag vorbereitet. Der Prozess der Kreditgewährung endet damit, dass der Vertrag unterschrieben wird.

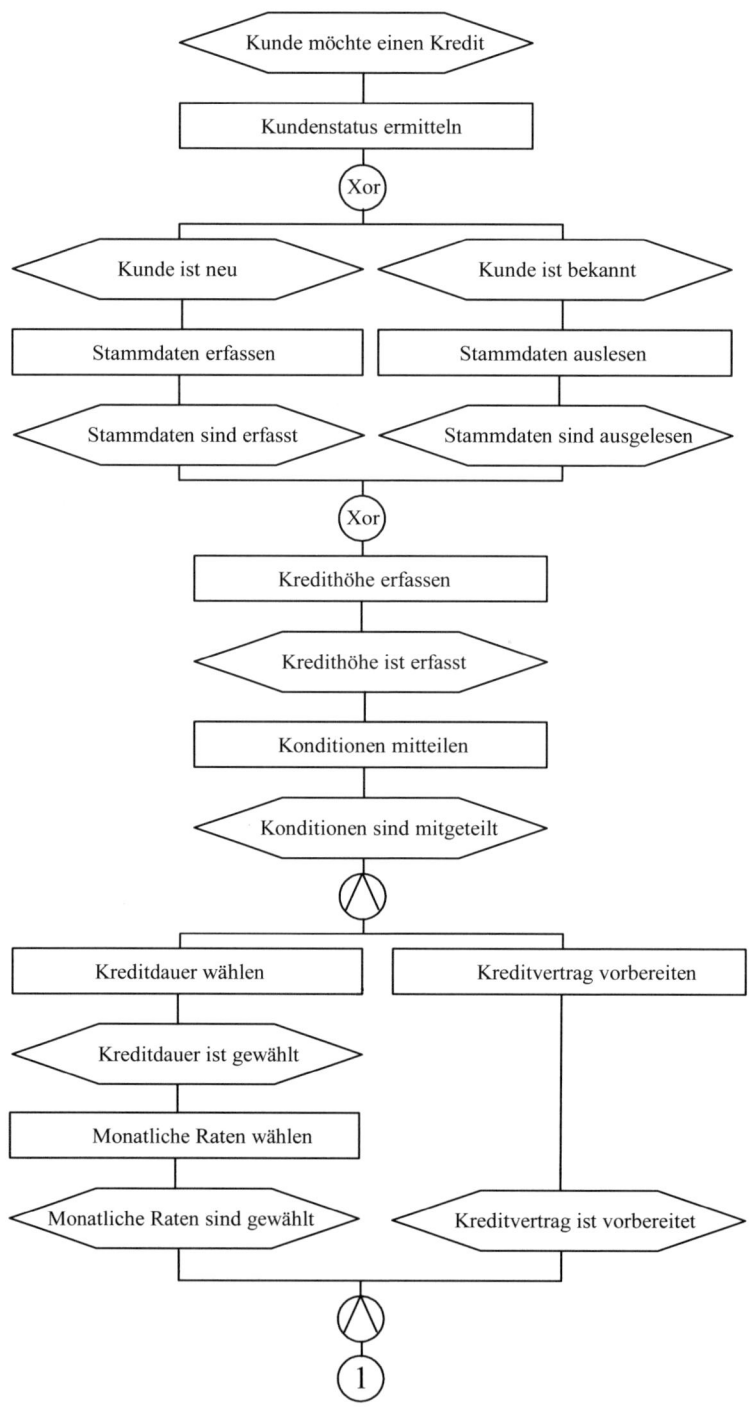

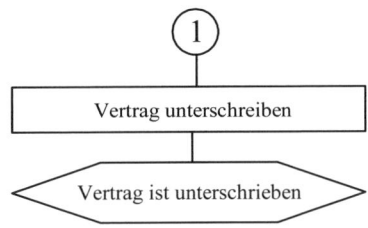

Abb. 141: Ereignisgesteuerte Prozesskette für die Kreditvergabe

Lösungen zu den Aufgaben für die Abschnitte 4.3.3 bis 4.3.5

36. **Ein Großkunde der Flitzer AG reklamiert, dass die gelieferten vormontierten Räder Mängel aufweisen, die erhebliche Nacharbeiten verursachen. Um die schwerwiegendsten Probleme zu erkennen, wurden alle Mängel über einen Beobachtungszeitraum von einem Monat dokumentiert und der Flitzer AG zur Kenntnis gegeben. Ein Pareto-Diagramm soll die Situation verdeutlichen.**

	Defekte	Anzahl Defekte im letzten Monat	in Prozent	in Prozent kumuliert
A	Vorderlicht defekt	280	36,84	36,84
B	Gabelschafttrohr zu kurz	120	15,79	52,63
C	Schrauben fehlen	90	11,84	64,47
D	Lackschäden	80	10,53	75,00
E	Reifen ohne Luft	70	9,21	84,21
F	Felgen zerkratzt	65	8,55	92,76
G	Speichen verbogen	40	5,26	98,03
H	Bremszüge zu kurz	15	1,97	100,00

Abb. 142: Absteigend nach ihrer Bedeutung sortierte Problemursachen

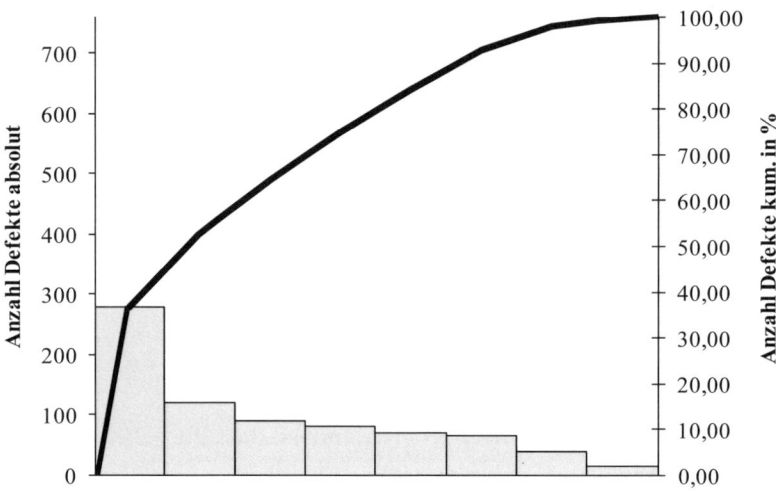

Abb. 143: Pareto-Diagramm der wichtigsten Defekte gelieferter Fahrräder

37. Nennen Sie wichtige Regeln, die beim Brainstorming zu beachten sind.
Keine Kritik und keine Bewertung der vorgebrachten Ideen; möglichst viele, auch ungewöhnliche Einfälle sammeln; vorgebrachte Ideen weiterentwickeln.

38. Sie wollen als Regisseur einen ungewöhnlichen Kriminalfilm drehen. Erstellen Sie einen morphologischen Kasten für die Auswahl des Themas und die inhaltliche Ausgestaltung des Films.

Einflussgrößen	Ausprägungen			
	1	2	3	4
Held	Playboy	Inspektor	**einsame Hausfrau**	Student
Art des Verbrechens	Mord	**Einbruch**	Entführung	Erpressung
Ort der Handlung	Kleines Dorf	**Sahara**	Insel	Großstadt
Täter	**Obachloser**	Jugendlicher	Playboy	Oma
Motiv	Habgier	**Geldnot**	Liebeskummer	Gewohnheit
Aufklärung	Beweise	Zufall	keine Aufklärung	**Tatzeuge**

Abb. 144: Morphologischer Kasten für einen Kriminalfilm

39. Sie wollen sich einen neuen Personalcomputer anschaffen. Erstellen Sie für die *Beschaffung des Personalcomputers* eine Nutzwertanalyse, um zu entscheiden, welches Gerät zu kaufen ist.

Muss-Ziel		Alternativen			
		Desktop		Notebook	
Investitionssumme unter 1.200 EUR		erfüllt		erfüllt	
Kann-Ziele	**G**	**P**	**GxP**	**P**	**GxP**
Rationelles Arbeiten	15	10	150	5	75
Benutzerfreundlichkeit	12	8	96	5	60
Ergonomie	5	8	40	4	20
Zuverlässigkeit	17	7	119	7	119
Zukunftssicherheit	5	10	50	4	20
Service	3	5	15	5	15
Leistungsfähigkeit	10	10	100	5	50
Portabilität	8	1	8	10	80
Optisches Erscheinungsbild	5	2	10	10	50
Wirtschaftlichkeitsziele					
- Preis-/Leistungsverhältnis	10	8	80	6	60
- Laufende Kosten	10	7	70	6	60
Summe	100		**738**		609
G = Gewicht, P = Punkte					

Abb. 145: Nutzwertanalyse für die Auswahl eines Computers

Literaturverzeichnis

Acker, H., Organisationsanalyse, 7. Aufl., Baden-Baden/Bad Homburg 1973.

Bauer, C., Nowak, T., Organisatorische Entwicklung von Daimler Benz zfo (1991) 2, S. 93 ff.

Bronder, C., Entwicklung der Organisationsstruktur bei Siemens, zfo, (1991) 5, S. 318 ff.

Fiedler, R., Controlling von Projekten. 6. Aufl., Wiesbaden 2013.

Gewerkschaft Industrie, Gewerbe, Dienstleistungen SMUV (Hrsg.), ABB – Ein Konzern im permanenten Wandel, Bern 2001.

Grochla, E., Lippold, H., Breithardt, J., Prüflisten zur Schwachstellenermittlung in Büro und Verwaltung, Baden-Baden 1986.

Gutenberg, E., Die Produktion, 23. Aufl., Berlin u. a. 1979.

Hammer, M., Champy, J., Business Reengineering. Die Radikalkur für das Unternehmen. 2. Aufl., Frankfurt, New York 1994.

http://www.gestamp-umformtechnik.de ((8/2013).

Krämer, K. H., Geyermann, A., Gruppenarbeit in einer teamorientierten Unternehmenskultur, in: Jöns, I. (Hrsg.), Erfolgreiche Gruppenarbeit. Konzepte, Instrumente, Erfahrungen. Wiesbaden 2008, S. 227–23.

Likert, R., The Human Organization: Its Management and Value, New York, St. Louis 1967.

Madauss, B., Handbuch Projektmanagement, 3. Aufl., Stuttgart 1990.

Masaaki, I., Kaizen, 7. Aufl., Frankfurt 1993.

Mertens, P., Faisst, W., Virtuelle Unternehmen: Idee, Informationsverarbeitung, Illusion, in: Scheer, A.-W. (Hrsg.), 18. Saarbrücker Arbeitstagung für Industrie, Dienstleistung und Verwaltung, Heidelberg 1997.

Österle, H., Business Engineering – Prozeß- und Systementwicklung, Band 1, 2. Aufl., Berlin u. a. 1995.

O.V., Computerwoche EXTRA vom 14.2.1997, S. 49.

O.V., Die Zeit, Nr. 30, 15. Juli 2004.

O.V., http://www.stationsmanagement.de/stm/html/modul-d.htm, März 2007.

O. V., Weg mit dem Chef! Die Zeit, Nr. 14, 27. März 2013, S. 69 f.

Pepels, W., Handbuch Moderne Marketingpraxis, Bd. 2: Die Instrumente im Marketing, Düsseldorf 1993.

Pepels, W., Die Kreativitätstechniken, WISU 10 (1996), S. 871.

REFA (Hrsg.), Methodenlehre des Arbeitsstudiums, Teil 2 Datenermittlung, 7. Aufl., München 1992.

Reichwald, R. u. a., Telekooperation. Verteilte Arbeits- und Organisationsformen, Berlin u. a. 2000.

Robbins, S., Organisation der Unternehmung, 9. Aufl., München 2001.

Scheer, A.-W., Wirtschaftsinformatik, 7. Aufl. Berlin/Heidelberg 1997.

Schmidt, G., Einführung in die Organisation, 2. Aufl. Wiesbaden 2002, S. 30.

Schwarz, H., Betriebsorganisation als Führungsaufgabe: Organisation, Lehre und Praxis, 9. Aufl., Landsberg am Lech 1983.

Siemens AG (Hrsg.), Geschäftsbericht 2006.

Weinert, A., Organisationspsychologie, 4. Aufl., München 1998.

Wittlage, H., Methoden und Techniken praktischer Organisationsarbeit, 3. Aufl., 1993, Herne/Berlin 1993.

Wolf, S., Rebel, T., Schwachstellen eliminiert. Internet: neue Wege für den Softwarebetrieb, Computerwoche EXTRA vom 14.2.1997, S. 35 ff.

Stichwortverzeichnis